Christiana Nicolai

Aufbauorganisation

Christiana Nicolai

Aufbauorganisation

Basiswissen

3., überarbeitete Auflage

UVK Verlag · München

Prof. Dr. Christiana Nicolai ist Professorin für Personalmanagement und Organisation an der Frankfurt University of Applied Sciences.

Bibliografische Information der Deutschen Nationalbibliothek
Die Deutsche Nationalbibliothek verzeichnet diese Publikation in der Deutschen Nationalbibliografie; detaillierte bibliografische Daten sind im Internet über <http://dnb.dnb.de> abrufbar.

3. Auflage 2021
2. Auflage 2018
1. Auflage 2015

- ein Unternehmen der Narr Francke Attempto Verlag GmbH + Co. KG
Dischingerweg 5 · D-72070 Tübingen

Internet: www.narr.de
eMail: info@narr.de

Umschlagmotiv: © iStockphoto, Nikada
Druck und Bindung: CPI books GmbH, Leck

ISBN 978-3-7398-3090-2 (Print)
ISBN 978-3-7398-8090-7 (ePDF)
ISBN 978-3-7398-0030-1 (ePub)

Vorwort

Die Organisation eines Unternehmens hat entscheidenden Einfluss auf seine Wettbewerbsfähigkeit. Sie hat Auswirkungen auf Kosten, Produktivität und Qualität sowie auf das Verhalten und die Motivation der Mitarbeiter.

Organisatorische Aufgaben stellen sich nicht nur bei der Unternehmensgründung, auch die Prozesse und Strukturen bestehender Unternehmen müssen immer wieder neu gestaltet werden, sollen sie erfolgreich bleiben. Die zahlreichen Reorganisationen in den letzten Jahren belegen, dass die Bedeutung der Organisation erkannt wurde. Sie wird heute überwiegend als strategische Managementfunktion und wesentlicher Baustein bei der zielorientierten Steuerung und langfristigen Erfolgssicherung verstanden.

Dieses Buch behandelt die „Aufbauorganisation", wobei zunächst alternative Leitungssysteme vorgestellt und anschließend Primär- und Sekundärorganisationen behandelt werden.

Christiana Nicolai

Inhaltsverzeichnis

Abbildungsverzeichnis

Kapitel 1: Leitungssysteme

1.1 Vorbemerkung

Die Gestaltung der Aufbauorganisation wird durch die unternehmensindividuelle Kombination der vier **Strukturvariablen oder Gestaltungsparameter** bestimmt. Diese sind:[1]

- Spezialisierung
- Koordination
- Konfiguration
- Kompetenzverteilung

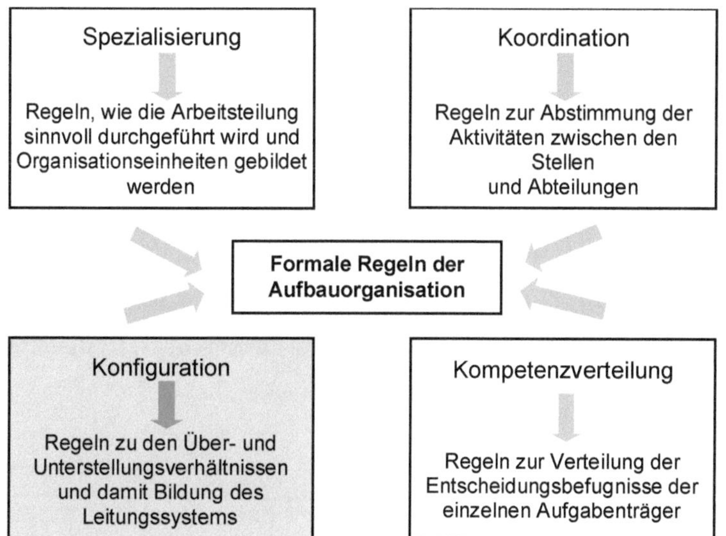

Abb. 1: Zusammenhang zwischen den Gestaltungsparametern der Aufbauorganisation

Im Rahmen der **Spezialisierung** werden Intensität und Vorgehensweise der Arbeitsteilung festgelegt. Es werden Regeln geschaffen, welche Organisationseinheiten, d.h. Stellen und Abteilungen, gebildet werden und welche Aufgaben sie erhalten sollen.

Alle Organisationseinheiten sind gemeinsam an der Erfüllung der Unternehmensziele beteiligt. Um ein sinnvolles Vorgehen im Gesamtzusammenhang zu gewährleisten, müssen die Aktivitäten der einzelnen Einheiten aufeinander abgestimmt werden. Damit beschäftigt sich die zweite Strukturvariable, die **Koordination**.

---

[1] Vgl. Breisig (2015), S. 53.

Zwischen den Stellen herrscht eine hierarchische Ordnung, das sog. **Leitungssystem** des Unternehmens. Die Über- und Unterstellungsverhältnisse und die damit verbundenen Weisungsbeziehungen zwischen Vorgesetzten und unterstellten Mitarbeitern sind als nächstes zu gestalten. Die Gesamtheit dieser Regelungen nennt man **Konfiguration**.

Zusätzlich sind die Entscheidungsbefugnisse für alle Stellenarten zu definieren. Um eine sinnvolle Aufgabenerfüllung zu gewährleisten, muss klar ersichtlich sein, welche Stellen in welchem Umfang und in welchen Bereichen verbindliche Entscheidungen treffen dürfen und müssen. Mit der Festlegung dieser Regeln befasst sich die **Entscheidungsdelegation** oder **Kompetenzverteilung**.

Durch die Kombination dieser vier Gestaltungsparameter werden die organisatorischen Regelungen festgelegt, die zusammen die spezifische **Aufbauorganisation** eines Unternehmens.

Den **Schwerpunkt** der Gestaltung der Aufbauorganisation bildet die **Konfiguration der Leitungssysteme**. Dabei stehen diese **zentralen Fragen** im Mittelpunkt:

- **Wie viele Mitarbeiter kann eine Instanz leiten** und **wie viele Leitungsebenen** sind sinnvoll bzw. erforderlich? (Kapitel 1.2)
- Wie können die **Über- und Unterstellungsbeziehungen** gestaltet werden? (Kapitel 1.3)

1.2 Leitungsspanne und Leitungstiefe

Bei der Festlegung der hierarchischen Beziehungen muss man zunächst überlegen, wie viele Stellen einer Instanz **direkt unterstellt** werden können. Diese Anzahl wird als **Leitungsspanne** bezeichnet. Dabei spielt es keine Rolle, um welche Stellen es sich handelt, d.h. ob die unterstellten Mitarbeiter selbst Instanzen, Leitungshilfsstellen oder Ausführungsstellen sind.

Statt von Leitungsspanne wird auch von **Subordinationsquote** gesprochen. Hier wird die Beziehung zwischen dem Vorgesetzten und seinen Mitarbeitern jedoch sprachlich sehr auf den Unterordnungs- und Kontrollaspekt reduziert, was heute i.d.R. nicht mehr als zeitgemäß angesehen wird.

Die Bezeichnung **Kontrollspanne** ist in der Praxis ebenfalls üblich. Dabei wird nicht bedacht, dass Leiten mehr als Kontrollieren ist. Es handelt sich um eine ungenaue Übersetzung des englischen Begriffs **Span of Control**. Control bedeutet nicht nur kontrollieren, sondern umfasst auch leiten, steuern und regeln.

Die Leitungsspanne stellt immer auf die Zahl der **direkt** unterstellten Stellen ab. Indirekt unterstellte Einheiten werden in diesem Zusammenhang nicht berücksichtigt. Andernfalls hätte der Vorstand eines internationalen Konzerns eine Leitungsspanne von mehreren zehntausend Stellen.

Früher wurde oft versucht, ein optimales Zahlenverhältnis zwischen einem Vorgesetztem und seinen direkt unterstellten Mitarbeitern zu ermitteln, wobei eine Leitungsspanne von drei, sechs oder neun Stellen bevorzugt wurde.[2] Allerdings wurden damals weit mehr als heute persönliche Weisungen erteilt. Da Mitarbeiter heute besser qualifiziert sind, selbstständiger arbeiten und deshalb die Koordination durch persönliche Weisungen zurückgeht und die anderen Koordinationsinstrumente – vor allem die Selbstkoordination – stärker genutzt werden, sind deutlich größere Leitungsspannen möglich. Auch die moderne Kommunikations- und Informationstechnik ermöglicht eine höhere Span of Control.

Heute geht man davon aus, dass es **keine allgemein gültige optimale Leitungsspanne** gibt. Eine einheitliche Quote würde zur Überforderung bzw. Unterforderung einzelner Instanzen führen.[3]

Welche Leitungsspanne **angemessen** ist, muss von Fall zu Fall entschieden werden und hängt von vielen Faktoren ab:

---

[2] Vgl. Schreyögg/Geiger (2016) S. 71.

[3] Vgl. Hentze/Kammel (2001), S. 215 ff.

- **Art der Abteilungsaufgaben**: Je komplexer und schwieriger die Abteilungsaufgaben sind und je mehr Abstimmung mit anderen Abteilungen notwendig sind, desto geringer ist i.d.R. die Leitungsspanne. Homogene, gut überwachbare Aufgaben ohne große Interdependenzen erlauben eine höhere Span of Control.
- **Entscheidungsspielraum und Selbständigkeit der untergebenen Stellen**: Je selbständiger die Mitarbeiter entscheiden und arbeiten können, desto seltener muss der Vorgesetzte eingreifen. Die Leitungsspanne steigt.
- **Qualifikation und Motivation der Stelleninhaber**: Je geringer qualifiziert und je weniger motiviert die Mitarbeiter sind, desto mehr Leitung ist erforderlich und desto geringer ist die Zahl der unterstellten Einheiten.
- **Führungsstil**: Je kooperativer ein Vorgesetzter führt, desto weniger Weisungen und Kontrollen bedarf es. Je autoritärer er führt, desto geringer ist die Eigenverantwortung und Selbstkontrolle der Mitarbeiter und desto geringer ist die Leitungsspanne der Instanz.
- **Umfang der eigenen Ausführungsaufgaben der Instanz**: Wenn eine Instanz viele Aufgaben selbst ausführen muss, bleibt weniger Zeit für die Leitung der unterstellten Einheiten. Die Leitungsspanne ist dann geringer als bei einem kleineren Umfang an eigenen Ausführungsaufgaben.
- **Fachliche Qualifikation der Instanz**: Je besser der Vorgesetzte fachlich qualifiziert ist, desto mehr kann er seine Mitarbeiter inhaltlich unterstützen und muss sich bei Fragen und Problemen nicht erst selbst sachkundig machen. Seine Span of Control steigt.
- **Soziale Kompetenz der Instanz**: Je größer die soziale Kompetenz des Vorgesetzten ist, desto häufiger und erfolgreicher setzt er Instrumente der Selbstkoordination ein und desto größer ist seine Leitungsspanne.
- **Vorhandene IT und sonstige Hilfsmittel**: Viele Leitungsaufgaben wie Planung und Überwachung lassen sich dank der modernen Informationstechnik viel schneller erledigen als früher. Damit bleibt der Instanz mehr Zeit für ihre Mitarbeiter, womit die Leitungsspanne steigt.
- **Entlastung durch Leitungshilfsstellen**: Instanzen, die durch Leitungshilfsstellen entlastet werden, haben mehr Spielraum, sich ihren Mitarbeitern zu widmen. Die Leitungsspanne kann deshalb höher sein.

Mit steigender Hierarchieebene nimmt die Gleichartigkeit und die Vorherbestimmbarkeit der Aufgaben ab. Deshalb sind die Leitungsspannen auf höheren Hierarchieebenen eher gering und nehmen nach unten hin zu. In Abteilungen, in denen einfache, vorwiegend mit Routineaufgaben betraute Stellen zusammengefasst sind, etwa in einem Fertigungsbereich mit Fließbändern, ist eine Leitungsspanne von fünfzig oder hundert Unterstellten keine Seltenheit. Geht es hingegen um die Lösung hochkomplexer Probleme in der Forschungs- und Entwicklungsabteilung, dann besteht i.d.R. viel Kommunikations- und Koordinationsbedarf und die Leitungsspanne liegt oft bei lediglich drei bis fünf Mitarbeitern. Das gilt auch für die obersten Hierarchieebenen.

Eng verbunden mit der Leitungsspanne ist die **Leitungstiefe**. Sie gibt Auskunft über die **Anzahl der Hierarchieebenen** eines Unternehmens. Eine geringe Leitungstiefe führt i.d.R. zu einer flachen Hierarchiepyramide, während eine große Leitungstiefe eine steile Pyramide mit vielen Leitungsebenen bedingt. Mit der Vergrößerung der Leitungsspanne verringert sich die Zahl der benötigten Instanzen und Hierarchieebenen. Umgekehrt gilt: Je kleiner die Leitungsspanne ist, desto größer ist die Leitungstiefe, d.h. desto mehr Hierarchieebenen gibt es normalerweise.[4]

Abb. 2 verdeutlicht den Zusammenhang zwischen Leitungsspanne und Leitungstiefe.

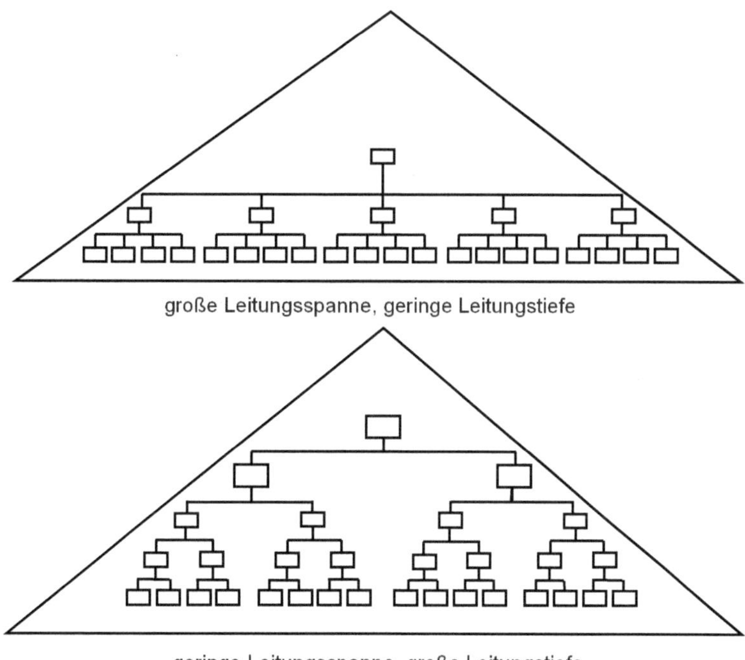

Abb. 2: Zusammenhang zwischen Leitungsspanne und Leitungstiefe

[4] Vgl. Bea/Göbel (2019), S, 259; Schreyögg/Geiger (2016) S. 71.

Breite Leitungsspannen und geringe Leitungstiefen entsprechen dem **Zeitgeist**, da man sich davon mehr Schnelligkeit, Flexibilität und Kreativität verspricht und von vorneherein von gut qualifizierten Mitarbeitern ausgeht, die selbstbestimmter arbeiten können und wollen und deshalb besonders motiviert und leistungsorientiert sind.

Dieser Gedanke ist auch im **Lean Management** – der schlanken Organisation – verankert. Es zeichnet sich unter anderem durch eine sehr geringe Zahl von Hierarchieebenen und eine große Selbständigkeit der Ausführungsstellen aus, die gut qualifiziert, flexibel und kreativ sein sollen.

Inzwischen werden jedoch nicht nur positive Aspekte, sondern auch abnehmende Karrierechancen für den Führungsnachwuchs und eine Desorientierung und Überforderung von Mitarbeitern mit entsprechend rückläufiger Produktivität zunehmend mit dem Lean Management bzw. mit den Folgen sehr flacher Hierarchien in Verbindung gebracht.[5]

Der Trend der Verschlankung scheint in letzter Zeit ein wenig **rückläufig** zu sein und es kommt in der Praxis dazu, dass Hierarchieebenen nicht mehr im gleichen Maße wie früher abgebaut bzw. sogar wieder neue Hierarchieebenen eingezogen werden, um die Nachteile rückgängig zu machen.

Die Vorteile einer steilen Unternehmenshierarchie sind gleichzeitig die Nachteile einer flachen Pyramide und umgekehrt.

Vorteile steiler Unternehmenshierarchien:

- **Leichtere Koordination**: Wenn einer Instanz weniger Mitarbeiter unterstellt sind, sind die Aufgabengebiete überschaubarer und lassen sich somit leichter abstimmen.
- **Einfachere Kontrolle**: Weniger Mitarbeiter und überschaubarere Aufgabenstellungen bedeuten weniger Kontrollaufgaben, die dafür umso sorgfältiger wahrgenommen werden können. Da der Aufgabenbereich i.d.R. kleiner ist, verringern sich die Fehler.
- **Mehr Zeit für die Mitarbeiter**: Weniger unterstellte Mitarbeiter erlauben es der Instanz, mehr Zeit für ihre Leitungsaufgaben und ihre unterstellten Arbeitskräfte aufzubringen.
- **Mehr Aufstiegschancen**: Mehr Führungsstellen und Hierarchieebenen erhöhen die Karrieremöglichkeiten der Mitarbeiter.

Vorteile flacher Unternehmenshierarchien:

- **Kurze Kommunikationswege**: Weniger Hierarchieebenen verringern die Informationsfilterung und den Informationsverlust. Informationen fließen schneller dorthin, wo sie benötigt werden.

---

[5] Vgl. Jones/Bouncken (2008), S. 625.

- **Entscheidungen vor Ort**: Entscheidungen können unmittelbar auf derjenigen Ebene getroffen werden, auf der das Problem anfällt. Das erhöht Entscheidungsgeschwindigkeit und -genauigkeit.
- **Geringere Personalkosten für Führungskräfte**: Weniger Instanzen führen zu einer Verringerung der Personalkosten. Dieser Vorteil bleibt trotz der zusätzlichen Personalentwicklungskosten und der höheren Entgelte für besser qualifizierte ausführende Stellen bestehen.
- **Motivationssteigerung**: Die größere Autonomie der Mitarbeiter ermöglicht mehr Selbstbestimmung und Eigenverantwortung, was sich positiv auf die Motivation auswirkt.
- **Mehr Kreativität**: Eigenverantwortung und Selbstbestimmung fördern zudem den Ideenreichtum der Mitarbeiter.

1.3 Grundformen der Leitungssysteme

Leitungssysteme regeln die Frage, wie die Unter- und Überstellungsbeziehungen – genauer: die Weisungs- und Kommunikationsbeziehungen – im Unternehmen gestaltet werden sollen. Sie werden auch als **Liniensysteme** bezeichnet, weil die Zusammenhänge zwischen den Stellen optisch mittels Linien dargestellt werden.

Grundformen der Leitungssysteme sind:

- Einliniensystem
- Mehrliniensystem
- Stab-Liniensystem

1.3.1 Einliniensystem

Das Einliniensystem geht auf **Henri Fayol** zurück. Das wesentliche Kennzeichen ist das **Prinzip der Einheit der Auftragserteilung**. Es besagt, dass jeder Mitarbeiter ausschließlich von seinem direkten Vorgesetzten Weisungen entgegennehmen darf. Damit können Weisungs- und Kommunikationsbeziehungen nur zwischen zwei hierarchisch unmittelbar aufeinander folgenden Organisationseinheiten bestehen.

Der Zusammenhang zwischen einer Instanz und ihren untergeordneten Stellen wird optisch mit durchgezogenen Linien dargestellt. Von jedem Mitarbeiter führt genau **eine** Linie zu seinem direkten Vorgesetzten. Sie ist der einzige zulässige formale Informations- und Kommunikationsweg. Man spricht auch vom **strengen Dienstweg**. Wenn dieses Prinzip verletzt wird, werden laut Fayol „die Autorität geschwächt, die Disziplin gefährdet, die Ordnung gestört und die Stabilität bedroht."[6]

Probleme, bei denen eine Abstimmung zwischen Stellen unterschiedlicher Abteilungen notwendig ist, dürfen in diesem Fall nicht durch direkte Kommunikation oder durch Selbstkoordination gelöst werden. Vielmehr müssen sie entlang der Linie nach oben bis zum nächsten gemeinsamen Vorgesetzten weitergemeldet werden. Von hier geht die Meldung zum anderen Betroffenen nach unten, von wo die Antwort auf gleichem Weg zurückkommt. Weder Überspringen von Ebenen noch Beziehungen zwischen Stellen unterschiedlicher Abteilungen sind vorgesehen.

Die Kommunikation erfolgt überwiegend durch persönliche Weisungen. Da diese Art der Kommunikation äußerst schwerfällig ist, ließ Fayol eine Aus-

---

[6] Fayol (1929), S. 20.

nahme, die sog. **Fayolsche Brücke**, zu. Sie ermöglicht die **direkte Kommunikation über Abteilungen hinweg**, was auch als **kleiner Dienstweg** bezeichnet wird.

Die Fayolsche Brücke ist an diese **Voraussetzungen** gebunden:

- Es muss sich um Stellen auf der gleichen Hierarchieebene handeln, ansonsten dürfen sie nicht über die Fayolsche Brücke miteinander kommunizieren.
- Die direkten Vorgesetzten müssen der Kommunikation zuvor zustimmen und über das Ergebnis informiert werden.

Eine Ausnahme zur Kommunikation zwischen Stellen verschiedener Hierarchieebenen ist bei der Fayolschen Brücke ausdrücklich nicht vorgesehen.

Abb. 3 zeigt die Zusammenhänge.

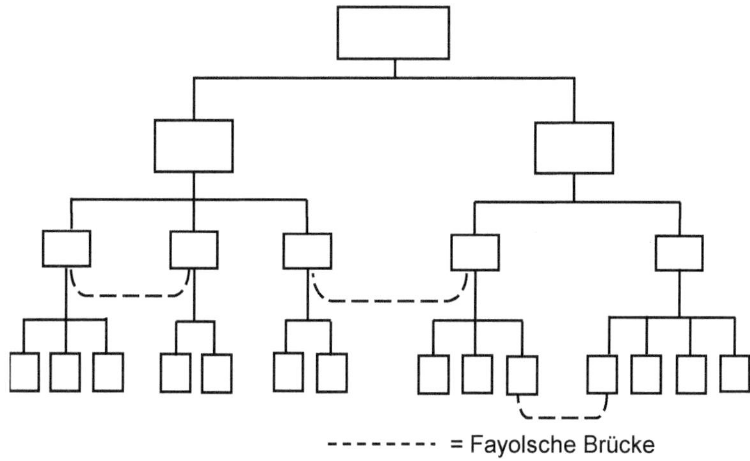

Abb. 3: Einliniensystem mit Fayolschen Brücken

Vorteile des Einliniensystems sind:

- klare Weisungs- und Kommunikationsbeziehungen
- einheitliche Willensbildung
- einheitliche, zielorientierte Entscheidungsfindung
- eindeutige Zuordnung von Kompetenz und Verantwortung
- leichte Kontrolle
- gute Verständlichkeit und Überschaubarkeit des Leitungssystems
- Schutz der Hierarchie vor Übergriffen
- fachübergreifend handelnde Generalisten als Vorgesetzte
- Stärkung des Sicherheitsgefühls der Mitarbeiter

Nachteile:

- hohe quantitative und qualitative Belastung der (Zwischen-) Instanzen durch Kommunikationsprozesse, die sie gar nicht betreffen
- Gefahr, dass die systematische Entscheidungsfindung vernachlässigt wird
- Informationsfilterung und -verfälschung bei der Weitergabe der Informationen
- nachgeordnete Stellen sind in hohem Maße von ihrer Instanz abhängig
- Hang zur Bürokratisierung
- besondere Betonung der Positionsmacht des Vorgesetzten
- Gefahr eines überdimensionierten Kommunikationssystems
- möglicher Motivationsverlust auf den unteren Hierarchieebenen

Je mehr Hierarchieebenen es gibt und je komplexer und vielfältiger die Aufgaben der untergeordneten Organisationseinheiten sind, desto stärker treten die Nachteile des Einliniensystems hervor.[7] Dies gilt besonders für große Unternehmen mit umfangreichem Produktprogramm, die in einem komplexen, dynamischen Umfeld agieren.

Henri Fayol war sich der Nachteile des Einliniensystems durchaus bewusst. Er nahm sie jedoch in Kauf, da er der **eindeutigen Zuweisung von Verantwortung** größte Bedeutung beimaß.[8]

1.3.2 Klassisches Mehrliniensystem

An die Stelle der Einheit der Auftragserteilung des Einliniensystems tritt beim klassisches Mehrliniensystem, welches auf **Frederick Taylor** zurückgeht, das **Prinzip des kürzesten Weges**.

Sein wesentliches Kennzeichen ist die **Mehrfachunterstellung** der **ausführenden Mitarbeiter**. Sie sind mehreren Instanzen gleichzeitig unterstellt, von denen ihnen jede Weisungen geben kann. Während die Vorgesetzten beim Einliniensystem Generalisten sind, ist hier das **Spezialistentum der Vorgesetzten** das zweite prägende Element neben dem kürzesten Weg (vgl. Abb. 4).

Jeder Funktionsmeister (Vorgesetzte) ist für sein Spezialgebiet zuständig und befugt, jedem ausführenden Mitarbeiter der darunterliegenden Ebene entsprechende Weisungen zu erteilen. Umgekehrt kann sich jeder Mitarbei-

---

[7] Vgl. Laux/Liermann (2005), S. 183.

[8] Vgl. Scherm/Pietsch (2007), S. 16.

ter mit seinen Fragen und Problemen an den fachlich passenden Vorgesetzten wenden. Taylor sah bis zu **acht Vorgesetzte für eine Ausführungsstelle** vor.[9]

Wie in Abb. 4 zu erkennen ist, wird die Mehrfachunterstellung nicht auf allen Hierarchieebenen angewandt. Sie bezieht sich auf das **Verhältnis zwischen Ausführungsstellen und unteren Instanzen**. Auf den oberen Hierarchieebenen gilt weiterhin das **Einliniensystem**.

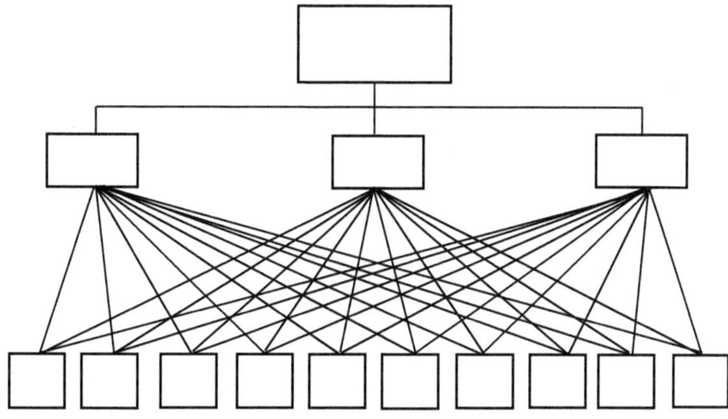

Abb. 4: Klassisches Mehrliniensystem (Funktionsmeistersystem)

Das Mehrliniensystem war ursprünglich für den Fertigungsbereich gedacht, deshalb wird es auch als **Funktionsmeistersystem** bezeichnet. Da mehrere moderne Liniensysteme (siehe Kapitel 2.4 und 2.5) die Gedanken der Mehrfachunterstellung und des Spezialistentums übernommen haben, spricht man zur Abgrenzung von diesen Mehrliniensystemen hier auch vom **klassischen Mehrliniensystem**.

Das Mehrliniensystem in seiner reinen Form findet man heute allenfalls in kleinen Betrieben, etwa im Handwerk. Dank der geringen Zahl an ausführenden Mitarbeitern und (Funktions-) Meistern entstehen dort seltener Kompetenzkonflikte und Koordinationsprobleme. Die beiden Grundgedanken Mehrfachunterstellung und Spezialistentum bei Instanzen sind jedoch in viele **moderne Leitungssysteme**, z.B. in die **Matrix- und die Tensororganisation**, integriert worden.[10]

Vorteile des klassischen Mehrliniensystems:

- Entlastung der Unternehmensleitung

---

[9] Vgl. Breisig (2015), S 66.

[10] Vgl. Schmidt (2014), S. 70; Schmidt/Konz (2019), S. 164 f.

- Betonung der Fachkompetenz des Vorgesetzten aufgrund seiner Spezialisierung
- kompetente Ansprechpartner für die ausführenden Mitarbeiter
- kurze Kommunikationswege
- hohe Flexibilität

Die **Nachteile** sind:

- Zuweisung der Verantwortung nicht eindeutig
- Kompetenzkonflikte zwischen den Vorgesetzten
- widersprüchliche Anweisungen unterschiedlicher Instanzen
- Verunsicherung der Mitarbeiter, da die Zuständigkeiten der Vorgesetzten nicht klar abgegrenzt sind
- hoher Kommunikationsbedarf
- großer Koordinationsaufwand
- Gefahr „fauler Kompromisse"
- große Anzahl von Instanzen erforderlich

1.3.3 Stab-Liniensystem

Einlinien- und Mehrliniensystem wurden aufgrund unterschiedlicher Problemlagen entwickelt, weshalb beide in ihrem historischen Kontext gesehen werden müssen. Fayol ging es beim Einliniensystem vor allem um die klare Zuordnung von Aufgaben und Verantwortung sowie um die reibungslose Koordination der Stellen und Aufgaben. Taylor wollte mit dem Mehrliniensystem sicherstellen, dass qualifizierte Entscheidungen getroffen und darauf aufbauend fachmännische Anweisungen erteilt werden.[11]

Beides ist bei der Gestaltung einer Aufbauorganisation gleichermaßen von Bedeutung. Das Stab-Liniensystem versucht deshalb diese Gedanken zu verbinden. Es behält die **klare Struktur** des Einliniensystems bei und integriert den **Spezialistengedanken** des Mehrliniensystems.

Die Nachteile des Einliniensystems sollen unter Beibehaltung der Vorteile verringert werden. Damit handelt es sich beim Stab-Liniensystem um eine **Sonderform des Einliniensystems**, in welches der Spezialistengedanke des klassischen Mehrliniensystems durch **Leitungshilfsstellen**, insbesondere Stabsstellen und Assistenten (Management Associates), einbezogen wird.

[11] Vgl. Kieser/Walgenbach (2010), S. 128 f.

Wichtigstes Merkmal des Stab-Liniensystems ist die **Trennung zwischen Entscheidungsvorbereitung** auf der einen **und** der **Entscheidung und Entscheidungsdurchsetzung** auf der anderen Seite.[12]

Je höher die Instanzen im Einliniensystem in der Hierarchie angesiedelt sind, desto eher sind sie in der Praxis Generalisten. Für sie steht der Überblick über die zu koordinierenden Aufgaben im Mittelpunkt ihrer Arbeit. Für eine fundierte Entscheidungsfindung in Einzelfällen fehlt ihnen zum Teil die Zeit und zum Teil das Fachwissen. Beim Stab-Liniensystem wird es ihnen in Form von Stabsstellen (**Stabsspezialisten**) zur Verfügung gestellt.

Das Einliniensystem führt zudem häufig zu einer quantitativen Überlastung der Instanzen und zwar insbesondere der oberen Instanzen. Hier schaffen **Stabsgeneralisten** (Assistenten/Management Associates) Abhilfe, indem sie wechselnde Tätigkeiten aus dem Aufgabenbereich ihrer Instanz übernehmen und sich um Detailprobleme kümmern.

Optisch werden die Beziehungen zwischen den Instanzen sowie zwischen Instanzen und Ausführungsstellen beim Stab-Liniensystem mit durchgezogenen Linien dargestellt, weshalb diese beiden Stellenarten auch als **Linienstellen** bezeichnet werden. Die Beziehung zwischen Instanzen und Leitungshilfsstellen wird gestrichelt oder gepunktet gezeichnet.

Meistens werden zudem unterschiedliche Stellensymbole verwendet. Es ist üblich, die Instanzen als Rechtecke und die Leitungshilfsstellen als Kreise oder Ovale abzubilden (vgl. Abb. 5 und die folgenden).

Die **Vorteile** des Stab-Liniensystems sind:

- Instanzen werden durch Leitungshilfsstellen fachlich und quantitativ entlastet
- Instanzen werden besser informiert
- Qualität der Entscheidungen wird verbessert
- passgenauere Weisungen
- schnellere Entscheidungsfindung

Als **Nachteile** erweisen sich:

- Stäbe können wegen ihres Spezialwissens und aufgrund ihrer fachlichen Überlegenheit Entscheidungen ihrer Vorgesetzten manipulieren
- möglicherweise Entwicklung einer überdimensionierten Stabsstruktur, Bildung eines sog. „Wasserkopfs“

---

[12] Vgl. Meier (2019), S.180.

- durch die organisatorische Trennung der Leitungsaufgaben kann es zu Konflikten zwischen Instanzen und Leitungshilfsstellen kommen
- Arbeit der Stabsstellen wird möglicherweise nicht verwendet
- Vorteile des Stab-Liniensystems hängen von der fachlichen und sozialen Kompetenz der Instanzen ab
- wegen ihrer unterschiedlichen Sozialisation kann es zu Kontroversen zwischen Stabsstellen und Instanzen kommen
- Demotivation der Stäbe, die zwar das Fachwissen besitzen, aber keine Entscheidungsbefugnis haben

Heute werden Stäbe weit über den historischen Kontext hinaus eingesetzt. Das Stab-Liniensystem ist in der Praxis besonders in mittleren Unternehmen sehr weit verbreitet.

Es finden sich vor allem diese vier **Einsatzformen**, zwischen denen es viele weitere Mischformen gibt:

- **Stab-Liniensystem mit Führungsstab**: Bei dieser Form wird lediglich der obersten Leitung eine Stabsstelle zugeordnet. Die anderen Hierarchieebenen haben keine Leitungshilfsstellen und werden somit nicht entlastet (Abb. 5).

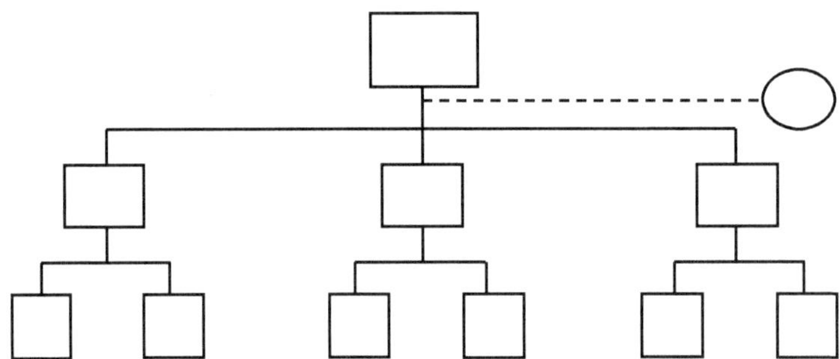

Abb. 5: Stab-Liniensystem mit Führungsstab

- **Stab-Liniensystem mit zentraler Stabsstelle**: Die Stabsstelle ist zwar formal der obersten Leitung zugeordnet, übernimmt aber auch Aufgaben für nachgelagerte Instanzen. Es handelt sich um eine Art zentrale Dienstleistungsstelle für das Unternehmen bzw. die oberen Instanzen (Abb. 6).

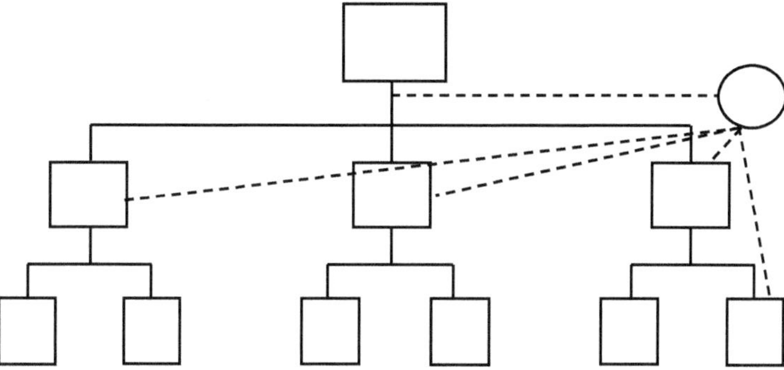

Abb. 6: Stab-Liniensystem mit zentraler Stabsstelle

- **Stab-Liniensystem mit Stäben auf mehreren Hierarchieebenen**: Neben der obersten Leitung verfügen auch mehrere darunterliegende Instanzen über ihre eigenen Stabsstellen. Da diese nicht vernetzt sind, spricht man auch vom Stab-Linien-System mit dezentralen Stabsstellen (Abb. 7). Diese Struktur wird auch als **klassisches Stab-Liniensystem** bezeichnet. In der Praxis ist diese Variante am weitesten verbreitet.

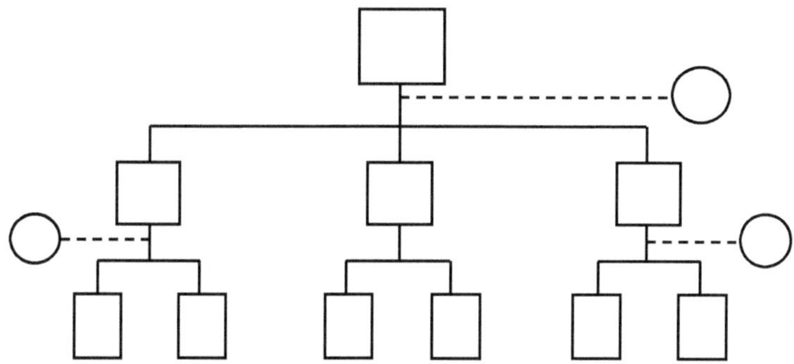

Abb. 7: Stab-Liniensystem mit Stäben auf mehreren Ebenen (klassisches Stab-Liniensystem)

- **Stab-Liniensystem mit Stabshierarchie**: Stabsstellen verschiedener Ebenen sind hier durch Über- und Unterordnungsbeziehungen miteinander verbunden. So entsteht ein hierarchisch aufgebautes **Subsystem**, in dem den höheren Stabsstellen ein fachliches und teilweise auch ein disziplinarisches Weisungsrecht und ein Kontrollrecht gegenüber den Stäben auf den unteren Hierarchieebenen zugestanden wird. Die Stabsstellen sind also ihrer Linieninstanz und gleichzeitig einer Stabsinstanz und somit **zweifach** unterstellt (Abb. 8).

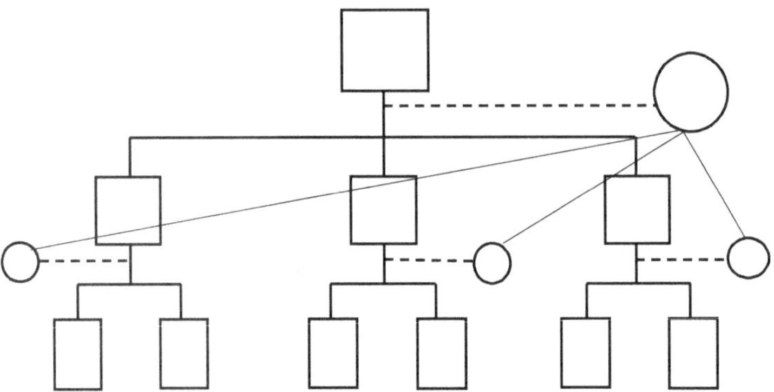

Abb. 8: Stab-Liniensystem mit Stabshierarchie

Bei den Stäben handelt es sich in der Praxis häufig nicht um einzelne Stellen, sondern aufgrund des Umfangs der Unterstützungsaufgaben um ganze Abteilungen.

Eine **Stabsabteilung** hat wie jede andere Abteilung eine vorgesetzte Instanz. Diese wird **Stabsinstanz** genannt und verfügt gegenüber ihren Stabsmitarbeitern über die gleichen Rechte und Pflichten wie jede andere Instanz, sie hat insbesondere Fremdentscheidungs-, Weisungs- und Kontrollbefugnis.

Der wesentliche Unterschied zwischen Linieninstanzen und Stabsinstanzen besteht darin, ob und wie sich ihre **Entscheidungen außerhalb der eigenen Abteilung auswirken**.

Entscheidungen von Linieninstanzen können **Auswirkungen auf andere Abteilungen** haben. Beschließt beispielsweise der Leiter der Marketingabteilung entsprechend seiner Entscheidungsbefugnisse eine Werbekampagne für ein bestimmtes Produkt, wirkt sich seine Entscheidung zunächst und in erster Linie auf die ihm unterstellten Mitarbeiter aus, die seine Anweisungen ausführen müssen. Zudem ergeben sich jedoch Konsequenzen für andere Abteilungen. Da durch die Aktion die Verkaufszahlen steigen sollen, müssen in der Fertigungsabteilung mehr Produkte hergestellt werden. Die Einkaufsabteilung muss mehr Rohstoffe bereitstellen. Die erhöhte Produktion führt evtl. zu Überstunden oder zur Verwendung von Leiharbeitnehmern, hier kommt die Personalabteilung ins Spiel.

Entscheidungen von Stabsinstanzen wirken sich dagegen nur **innerhalb ihrer eigenen Abteilung** aus. Wie eine Linieninstanz trifft auch die Stabsinstanz Entscheidungen für ihre unterstellten Mitarbeiter und gibt Anweisungen, die von diesen ausgeführt werden müssen. Insoweit besteht kein Unterschied zwischen Stabs- und Linieninstanz. Die Entscheidungen und Weisungen der Stabsinstanz münden jedoch in eine Entscheidungsvorlage für die übergeordnete Linieninstanz. Erst dort wird die endgültige Entscheidung getroffen, die sich dann wiederum auf andere Instanzen und Abteilungen auswirken kann. Die Abb. 9 zeigt den Zusammenhang.

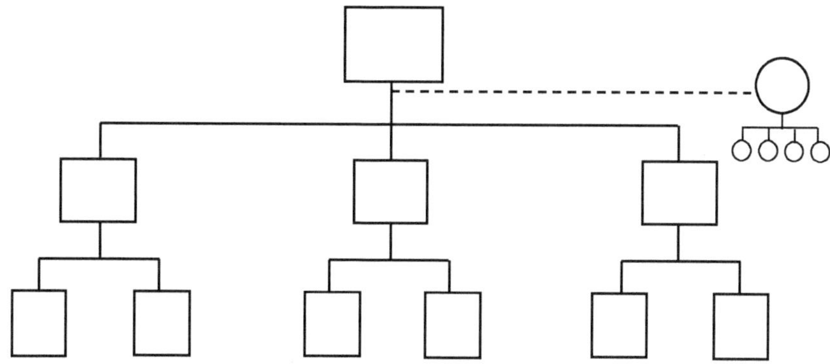

Abb. 9: Stab-Liniensystem mit Stabsabteilung

In der Abbildung sind den Linieninstanzen andere Instanzen bzw. Ausführungsstellen unterstellt, was durch die durchgezogene Linie zum Ausdruck gebracht wird. Der obersten Leitung ist zudem eine Stabsabteilung zugeordnet (verbunden durch die gestrichelte Linie). Der Vorgesetzte dieser Stabsabteilung hat Entscheidungs- und Weisungsbefugnis gegenüber seinen unterstellten Mitarbeitern (durchgezogene Linien). Da sowohl die Stabsinstanz als auch die Stabsmitarbeiter Leitungshilfsstellen sind, werden hier runde Symbole verwendet.

Bei der Zusammenarbeit zwischen Stäben und Instanzen kommt es häufig zu **Konflikten**. Die Ursachen liegen oft in Unterschieden bei Erfahrungen, Ausbildung, Ausdrucksweise und Sozialverhalten.[13] Viele Stäbe haben keine oder kaum praktische Erfahrungen in Linienfunktionen. Dies wird häufig als Begründung dafür herangezogen, dass deren (angeblich) praxisfremde Vorschläge nicht von den Linieninstanzen akzeptiert oder nur halbherzig umgesetzt werden.

Stäbe werden von den Linieninstanzen auch häufig als Bedrohung empfunden. Die Führungskräfte befürchten, als inkompetent zu erscheinen, weil ihre Qualifikation in der immer komplexer werdenden Umwelt teilweise nicht mehr ausreicht, um in einem angemessenen Zeitraum bestmögliche Entscheidungen zu treffen. Dies gilt umso mehr, je spezieller und umfangreicher die fachlichen Informationen sind, die die Stäbe verarbeiten müssen.

---

[13] Vgl. Schreyögg/Geiger (2016), S. 64 f.

Es gibt in der Literatur zahlreiche Überlegungen, wie die Zusammenarbeit von Stäben und Instanzen harmonischer gestaltet werden könnte. Sie reichen von einer gezielten Mitarbeiterauswahl anhand typischer Persönlichkeitsprofile für Stabsstellen über Job Rotation bis zu teamorientierten Ansätzen mit gemeinsamer Entscheidungsverantwortung.[14] In der Praxis wird lediglich der erste Vorschlag umgesetzt.

[14] Vgl. Schreyögg/Geiger (2016), S. 65.

Kapitel 2: Primärorganisation

2.1 Vorbemerkung

Die **Primärorganisation** ist die **Grundstruktur** des Unternehmens. Es geht dabei um

- die Bearbeitung der üblichen, regelmäßigen Daueraufgaben und
- die Erreichung der kurz- bis mittelfristigen Unternehmensziele.

Die Primärorganisation wird durch **Sekundärorganisationen** ergänzt. Sie dienen der Erfüllung besonderer, bedeutsamer Aufgaben, die keine Routineaufgaben sind.

Primär- und Sekundärorganisation bestehen **nebeneinander und gleichzeitig**, da sie unterschiedliche Teile des betrieblichen Geschehens abbilden.

Bei der Primärorganisation werden drei **idealtypische, klassische Formen** unterschieden:

- Funktionale Organisation
- Divisionale Organisation
- Matrixorganisation

Ihre Systematisierung richtet sich nach der Art der **Spezialisierung auf der zweiten Hierarchieebene**. Ob auf darunterliegenden Hierarchieebenen die gleiche oder eine andere Spezialisierung gewählt wird, ist für die Bezeichnung der Organisationsform nicht relevant.

Wird auf der zweiten Hierarchieebene nur ein einziges Gliederungskriterium verwendet, spricht man von **eindimensionalen Formen der Aufbauorganisation**. Werden gleichzeitig zwei oder mehrere Dimensionen auf der zweiten Ebene eingesetzt, handelt es sich um **zwei- bzw. mehrdimensionale Formen**.

Die funktionale und die divisionale Organisation sind eindimensionale Formen, die Matrixorganisation ist eine zweidimensionale Struktur. Die Tensororganisation ist eine drei- oder mehrdimensionale Primärorganisation. Sie ist ebenso wie die Holding-Organisation eine Erweiterung der klassischen Formen.

Die Abb. 10 gibt einen Überblick über die Formen der **Primärorganisation**. In der Praxis treten sie nicht immer in Reinform auf, stattdessen finden sich viele Kombinationen.

Primärorganisation

Spezialisierung auf der zweiten Hierarchieebene	**Form der Primärorganisation**
nach Verrichtungen	Funktionale Organisation
nach Objekten	Divisionale Organisation
nach Verrichtungen und Objekten **gleichzeitig** und **gleichberechtigt**	Matrixorganisation
nach Verrichtungen, Objekten und mindestens einer weiteren Dimension **gleichzeitig** und **gleichberechtigt**	Tensororganisation
nach selbständigen Einheiten	Holding-Organisation

Abb. 10: Grundformen der Primärorganisation

2.2 Funktionale Organisation

Wenn ein Unternehmen auf der zweiten Hierarchieebene **ausschließlich nach Verrichtungen gegliedert** ist, spricht man von funktionaler oder funktionsorientierter Organisation[15]. Das Grundmodell zeigt die Abb. 11.

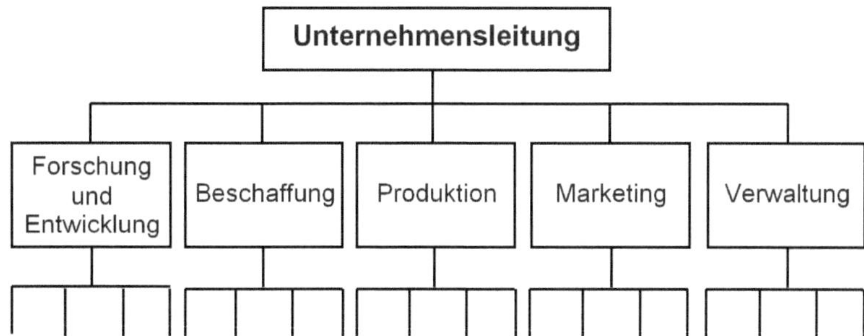

Abb. 11: Grundmodell der funktionalen Organisation

Die funktionale Organisation ist die **ursprüngliche Form eines Industrieunternehmens**. Sie war insbesondere zu Zeiten der Verkäufermärkte anzutreffen und ist noch immer in Unternehmen mit relativ geringer Produktdiversifikation weit verbreitet. Sie wird dann gebildet, wenn eine einzige Leitungsebene wegen des Wachstums nicht mehr ausreicht und deshalb eine weitere verrichtungsorientierte Ebene sinnvoll erscheint.

Bei kleineren Unternehmen entstehen meist auf der Ebene unterhalb der Unternehmensleitung ein kaufmännischer und ein technischer Funktionsbereich, wobei die Aufgabenbereiche klar abzugrenzen und somit leicht kontrollierbar sind. Wächst das Unternehmen, werden weitere Hierarchieebenen eingeschoben und die funktionale Gliederung wird i.d.R. zunächst auch auf der dritten und den darunterliegenden Ebenen beibehalten (Abb. 12).

---

[15] Vgl. Johnson et al. (2018), S. 566.

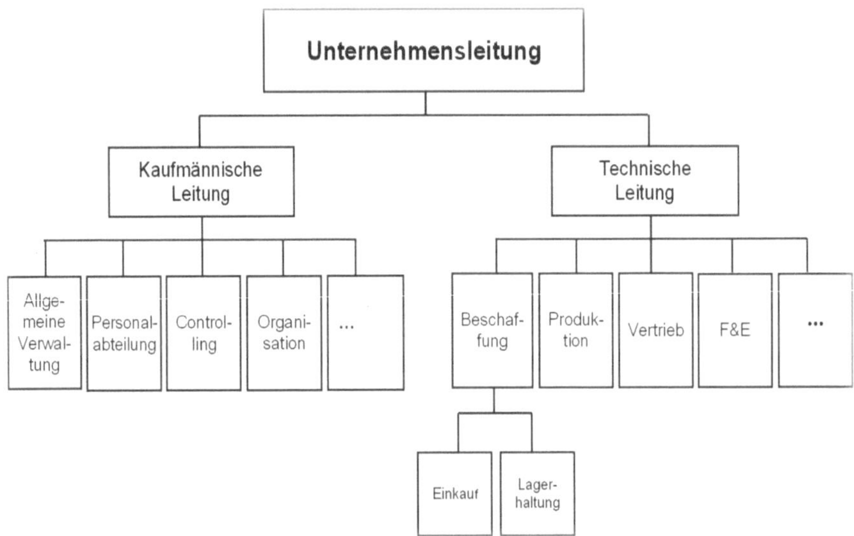

Abb. 12: Mehrstufige funktionale Organisation

Auf der dritten oder einer tieferen Hierarchieebenen kann allerdings auch von der Verrichtungs- auf die Objektzentralisation umgestellt werden. Trotzdem handelt es sich um eine funktionale Organisation, denn die Bezeichnung der Organisationsform richtet sich nur nach der **zweiten** Hierarchieebene. Die Abb. 13 zeigt, dass zudem **Leitungshilfsstellen** einbezogen werden können.

Unter diesen **Voraussetzungen** hat sich die funktionale Organisation bewährt:[16]

- Funktionen sind gleichzeitig die Kernkompetenzen des Unternehmens[17]
- Kundengruppen unterscheiden sich nicht gravierend
- Unterschiede auf den Absatzmärkten, z.B. Länder, Sprachen, Kulturaspekte etc., sind gering
- Produkte sind weitgehend homogen

Entsprechend findet sich die funktionale Organisation heute in vielen mittelständischen und kleineren Unternehmen mit relativ homogenem Produktionsprogramm.

---

[16] Vgl. Schmidt (2019), S. 170 f.

[17] Zur Identifikation von Kernkompetenzen vgl. ausführlich Helming/Buchholz (2008), S. 301 ff.

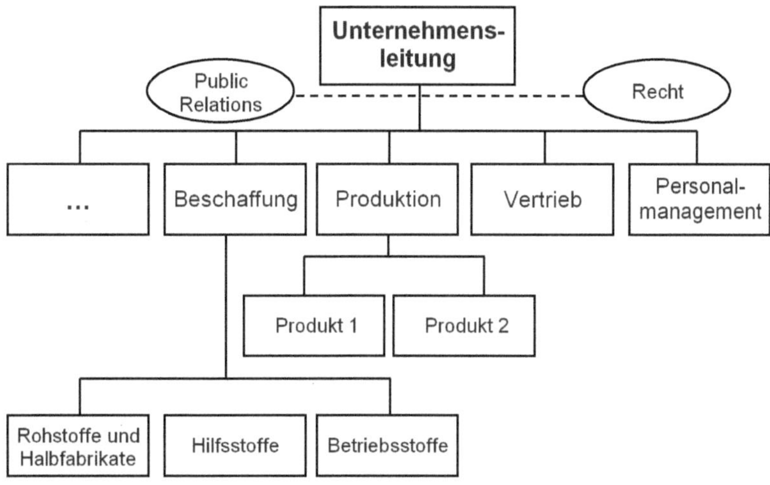

Abb. 13: Funktionale Organisation mit Stäben und mit Objektgliederung auf der dritten Ebene

Die **Vorteile**:

- es lassen sich Spezialisierungs- und Größenvorteile realisieren
- auf quantitative Umweltbedingungen kann flexibel reagiert werden
- relativ leichte Personalbeschaffung, da viele Ausbildungsberufe funktionsorientiert ausgerichtet sind, z.B. Maler, Schreiner, Schweißer, Maurer, Bäcker etc.
- klare funktionale Zuständigkeiten
- leichte Kontrolle aufgrund der geschlossenen Funktionsbereiche
- es lassen sich funktionsorientierte Spezialmaschinen und -werkzeuge einsetzen

Nachteile der funktionalen Organisation:

- funktionsorientierte Instanzen haben oft keine Gesamtübersicht über das Betriebsgeschehen
- es kommt häufig zu Ressortegoismus
- zu geringe Orientierung am Markt und an den Kunden, da die Optimierung der Funktionen im Mittelpunkt steht
- Funktionen lassen sich oft nicht genau abgrenzen, daraus resultieren Machtkonflikte
- hoher Kommunikations- und Koordinationsbedarf zwischen den Instanzen, da die Produkte und Dienstleistungen mehrere Abteilungen durchlaufen müssen

- keine Gewinnausrichtung der einzelnen Organisationseinheiten möglich, da die Produktverantwortlichkeit fehlt
- Schnittstellenprobleme erschweren eine funktionsübergreifende Prozessorientierung
- eingeschränkte Karrierechancen, da die Mitarbeiter auf bestimmte Funktionen festgelegt sind

Die funktionale Organisation kann als klassisches **Einliniensystem** oder in der erweiterten Form des **Stab-Liniensystems** konzipiert werden. Damit treffen auf sie auch die Vor- und Nachteile der jeweiligen Konfigurationsform zu.

Um die Nachteile zu verringern und die Vorteile beizubehalten, können in der Sekundärorganisation zusätzliche Organisationseinheiten mit nichtfunktionaler Entscheidungs- und Weisungsbefugnis in die funktionale Primärorganisation integriert werden, z.B. in Form von Strategischen Geschäftseinheiten oder Projektorganisationen.

2.3 Divisionale Organisation

Mit zunehmender Unternehmensgröße und Diversifikation verringern sich die Vorteile der Funktionalorganisation. Der Koordinationsaufwand zwischen den Funktionsbereichen wird immer größer, was einen Wechsel zur Objektgliederung sinnvoll erscheinen lässt. Die Organisation wird dann auf der zweiten Hierarchieebene nach Objekten (i.d.R. Produktgruppen) zentralisiert.

Im Mittelpunkt der **divisionalen Organisation** steht die **Objektspezialisierung**. Man spricht auch von **Spartenorganisation** und **Geschäftsbereichsorganisation**. Die Organisationseinheiten, die dabei entstehen, nennt man **Divisionen, Sparten, Geschäftsbereiche** oder auch **Center**.

Da auf der zweiten Hierarchieebene nur ein einziges Spezialisierungsmerkmal eingesetzt wird, handelt es sich bei der divisionalen Organisation – wie bei der funktionalen Organisation – um eine **eindimensionale Organisationsstruktur**. Die Spartenorganisation kann ebenso wie die Funktionalorganisation als **Einlinien- oder Stab-Liniensystem** gestaltet werden.

Typisch für die divisionale Organisation – aber nicht zwingend – ist die Gliederung nach Funktionen auf der dritten Ebene.

In den USA gingen die ersten Unternehmen bereits in den 1930er Jahren von der Funktional- zur Spartenorganisation über. In Deutschland setzte der **Trend zur Divisionalisierung** Mitte der 1960er Jahre ein. Die divisionale Organisation ist heute die am weitesten verbreitete Organisationsform bei Großunternehmen. Die Abb. 14 zeigt das **Grundmodell**.

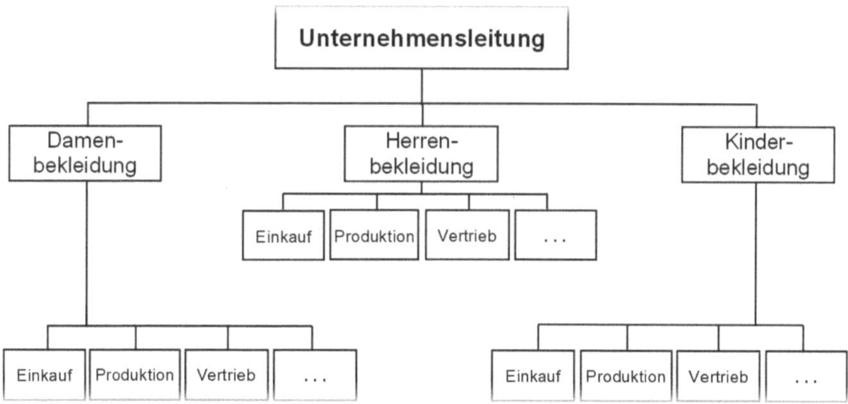

Abb. 14: Grundmodell der divisionalen Organisation

Statt nach Produktgruppen werden Sparten manchmal auch anhand von **Kundengruppen** gebildet, wenn sich diese in besonderer Weise, etwa hinsichtlich der Losgrößen, der erwarteten Serviceansprüche oder der Vertriebskanäle, unterscheiden. In Großunternehmen ist auch die Zentralisation nach **Regionen** auf der zweiten Hierarchieebene zu finden,[18] um den unterschiedlichen Wettbewerbsbedingungen oder auch den gesetzlichen Bestimmungen bestimmter Länder besser Rechnung tragen zu können.

Idealerweise sind die Sparten als eine Art **Unternehmen im Unternehmen** konzipiert und besitzen weitgehende Selbständigkeit.

In der Praxis sind sie **in unterschiedlichem Maße mit unternehmerischen Kompetenzen und Erfolgsverantwortung** ausgestattet:[19]

- **Cost-Center**: Die Steuerung der Sparten durch die Unternehmensleitung erfolgt mittels eines vorgegebenen Kostenbudgets. Die Spartenleiter haben vor allem die Aufgabe, die Leistungsprozesse optimal zu gestalten, um so die Kosten zu minimieren. Sie entscheiden jedoch nicht über das Umsatzvolumen und die Qualität der Erzeugnisse, da diese von der Unternehmensleitung festgelegt werden. Häufig wird auch vorgegeben, ob Vorprodukte und Dienstleistungen extern einzukaufen oder zu festgelegten Verrechnungspreisen von anderen Unternehmenseinheiten zu beziehen sind. Diese Division ist lediglich eine Art großer Kostenstelle.
- **Revenue-Center**: Die Spartenleiter haben die Verantwortung für die Umsatzerlöse in ihren Divisionen. Sie haben aber keinen direkten Einfluss auf die Kosten der Produkte und können auch deren Preise nicht oder nur in engen Grenzen (z.B. über Skonto oder Zahlungsziele) bestimmen. Es handelt sich zumeist um regionale Vertriebsgesellschaften, die die Produkte von ihren unternehmensinternen Zulieferern zu festen internen Transferpreisen übernehmen und sie auf dem externen Markt verkaufen. Ihr Erfolg wird anhand des Umsatzvolumens gemessen, das sie vor allem durch die Wahl der absatzpolitischen Instrumente beeinflussen können.
- **Profit-Center**: Hier übernimmt der Spartenleiter die Verantwortung für das wirtschaftliche Ergebnis seiner Division. Der Erfolg wird anhand des Gewinns oder des ROI (Return of Investment) ermittelt. Mit der größeren Verantwortung geht auch eine größere Entscheidungsbefugnis einher. So nimmt der Spartenleiter sowohl Einfluss auf die Kosten- als auch auf die Erlösseite. In der Regel gehören die gesamte Produktentwicklung und Produktion sowie der komplette Einkauf und Absatz zur Division. Über das Investitionsvolumen wird hingegen von der Leitung des Gesamtunternehmens entschieden. Auch beim Produktionspro-

[18] Vgl. Johnson et al. (2018), S. 568.

[19] Vgl. Krüger (2005), S. 205 ff.; Scherm/Pietsch (2007), S. 177 f.; Krüger/v. Werder/Grundei (2007), S. 4 ff.; Pfähler/Vogt (2008), S. 746.

gramm behält sie sich in der Regel Mitspracherechte vor. Die Einrichtung eines Profit-Centers ist nur dann sinnvoll, wenn sich der Erfolg unmittelbar der Sparte zurechnen lässt.

- **Investment-Center**: Wenn der Spartenleiter auch über die Investitionen in seiner Division und damit über die Verwendung mindestens eines größeren Teils des Gewinns entscheiden kann, handelt es sich um ein Investment-Center. Die Leitung des Gesamtunternehmens behält sich nur insofern ein Mitspracherecht vor, um sicherzustellen, dass die Investitionsentscheidungen den strategischen Gesamtunternehmenszielen nicht widersprechen.

Die Grenzen zwischen Profit- und Investment-Center sind fließend, da auch der Leiter eines Profit-Centers häufig die Befugnis erhält, über einen bestimmten Teil der Investitionen selbst zu entscheiden.

Bei allen Center-Konzepten besteht das Problem, wie die Kosten und Erlöse den Sparten zuzurechnen sind. Schwierigkeiten entstehen vor allem dann, wenn die Center häufig untereinander bzw. mit den Zentralbereichen des Unternehmens Leistungen austauschen, da dann **interne Verrechnungspreise** festgelegt werden müssen. Die Unternehmensleitung kann über diese Verrechnungspreise Einfluss darauf nehmen, zu welchen Preisen die Sparten untereinander Leistungen kaufen und verkaufen und damit auch darauf, wie erfolgreich die Sparten sind. So beeinflusst sie deren Selbständigkeit.

Spartenorganisationen sind unter diesen **Voraussetzungen** erfolgreich:

- Unternehmen muss hinreichend groß sein, damit sich selbständige Sparten bilden lassen
- Produktgruppen gelten als Kernkompetenzen
- heterogenes Produktionsprogramm, damit die Produkte zu eindeutig unterscheidbaren Gruppen zusammengefasst werden können
- die Sparten müssen klar abgrenzbare Absatzmärkte haben, damit sie nicht miteinander konkurrieren

Bei den meisten Formen der Spartenorganisationen werden **bestimmte Querschnittsfunktionen** in **Zentralabteilungen oder Zentralbereichen** zusammengefasst. Das gilt beispielsweise für die interne Revision, die Personalabteilung, das Controlling, die zentrale Materialbeschaffung oder die Rechtsabteilung (s. Abb. 15). Sie sind der Unternehmensleitung direkt zugeordnet und erbringen **spartenübergreifende Dienstleistungen**, die in einheitlicher Art und Weise erfüllt werden sollen. Auf diesem Wege wird der Autonomiegrad der Sparten durch die Unternehmensleitung bewusst eingeschränkt.[20]

---

[20] Vgl. Schulte-Zurhausen (2013), S. 274.

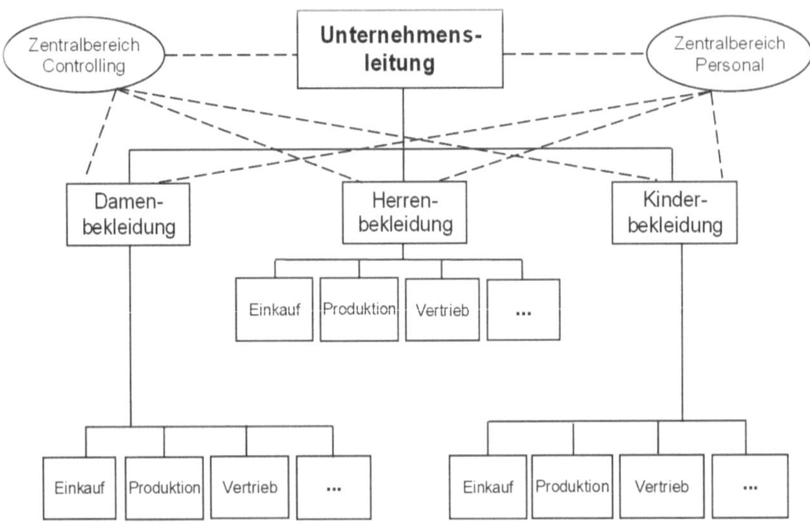

Abb. 15: Divisionale Organisation mit Zentralbereichen

Die Bildung von Zentralabteilungen geschieht aus diesen **Gründen**:

- **Nutzung von Synergieeffekten**: Für alle Sparten werden zentrale Dienstleistungen erbracht. Damit lassen sich Größenvorteile besser abschöpfen, beispielsweise wenn die Materialbestellungen aller Divisionen über die Zentralabteilung Einkauf erfolgen. Aufgrund der größeren Bestellmengen lassen sich bessere Konditionen erzielen. Auch mit einem spartenübergreifenden Zentralbereich Forschung und Entwicklung lassen sich oft Synergieeffekte realisieren.
- **Unterstützung bei allgemeinen Aufgaben der Unternehmensleitung**: Es handelt sich um Aufgaben, die für das Gesamtunternehmen anfallen und nicht einzelnen Sparten überlassen werden können oder sollen. Sie werden in Zentralbereichen zusammengefasst, z.B. Konzernrechnungslegung, Rechtsabteilung, Führungskräfteschulung oder Öffentlichkeitsarbeit.
- **Koordination der Sparten im Hinblick auf die Unternehmensziele**: Zentralabteilungen übernehmen oft Koordinationsaufgaben, mit denen die Sparten „auf Kurs" gehalten und auf die langfristigen Ziele des Gesamtunternehmens ausgerichtet werden sollen. So gibt etwa das Zentralcontrolling Richtwerte vor und legt die Controlling-Instrumente für alle Sparten fest. Oder die zentrale Personalabteilung konzipiert verbindliche, spartenübergreifende High-Potential-Programme für den Führungsnachwuchs aller Divisionen.

Nicht nur die Aufgaben, auch die **Rechte der Zentralbereiche** sind unterschiedlich gestaltbar. Zum Teil nehmen sie Aufträge der Sparten entgegen, zum Teil beraten sie die Spartenleiter und verfügen über Informations- und Empfehlungsrechte. Manchmal können Zentralabteilungen den Sparten sogar auf bestimmten Gebieten Weisungen erteilen. Man kann diese Konfiguration auch als eine **besondere Art des Stab-Liniensystems**, die deutliche Tendenzen zu einem Mehrliniensystem bzw. einer Matrixorganisation aufweist, ansehen.

Vorteile der Spartenorganisation (insb. im Vergleich zur Funktionalorganisation) sind:

- relativ geringer Koordinationsaufwand zwischen den Divisionen, was zur schnelleren Entscheidungsfindung führt
- größere Transparenz
- durch die Beschränkung auf eine Produktgruppe erhöht sich die Sensibilität für Marktveränderungen
- größere Flexibilität und schnellere Reaktion innerhalb einer Sparte
- Unternehmensleitung wird vom operativen Geschäft entlastet
- Unternehmensleitung kann sich auf übergreifende, strategische Aufgaben konzentrieren
- Spartenleiter identifizieren sich mit ihrer Aufgabe, d.h. „ihrem Objekt“
- Spartenleiter sind motiviert, weil sie weitgehend selbständig unternehmerisch handeln können
- da die Erfolge der Sparten direkt messbar sind, können erfolgsabhängige Entgeltsysteme zur Motivation eingesetzt werden
- zunehmendes **Intrapreneurtum** (Intrapreneur ist eine Wortkombination aus „intracorporate“ und „entrepreneur“), d.h. die eigenen Mitarbeiter aktivieren ihr unternehmerisches Potenzial
- Delegation von Entscheidungen an die Sparten fördert die Entwicklung von Führungsnachwuchskräften und Führungskräften aus den eigenen Reihen
- durch die Vorgabe betriebswirtschaftlicher Kennziffern für die jeweiligen Sparten lässt sich das Unternehmen leicht steuern
- Prozesse werden effizient, da die Spartenleiter sowohl Prozess- als auch Produktverantwortung übernehmen

Als **Nachteile** haben sich erwiesen:

- Tendenz zu großem Eigenleben der Sparten, d.h. die Spartenleiter stellen die Ziele ihrer eigenen Sparten stark in den Vordergrund und orientieren sich zu wenig an den Zielen des Gesamtunternehmens
- es kann zu Verteilungskämpfen zwischen den Sparten um die knappen Ressourcen des Gesamtunternehmens, insbesondere um finanzielle Mittel, kommen

- kurzfristige Zielerreichung rückt in den Vordergrund, da die Sparten eher operativ ausgerichtet sind
- Probleme des Stab-Liniensystems bei der Zusammenarbeit zwischen Zentralbereichen und Divisionen verschärfen sich durch deren relative Entfernung
- erschwerte Integration neuer Produkte, da erst geprüft werden muss, ob und in welche Sparte sich diese Produkte einfügen lassen
- es werden zunehmend Generalisten als Führungskräfte benötigt, da in jeder Sparte unternehmerisches Handeln notwendig ist
- funktionsorientierte Spezialisierungsvorteile gehen verloren, sofern sie nicht die Zentralbereiche betreffen

2.4 Matrixorganisation

Die bisher vorgestellten Organisationsstrukturen sind dadurch gekennzeichnet, dass auf der zweiten Hierarchieebene immer nur nach einer einzigen Dimension gegliedert wird, i.d.R. entweder nach Verrichtungen oder nach Objekten. Es handelte sich deshalb also um eindimensionale Strukturen.

Wird auf der **zweiten Ebene** gleichzeitig und gleichberechtigt nach **zwei Dimensionen** strukturiert, spricht man von einer Matrixorganisation. Auf diese Weise werden unternehmerische Probleme parallel und gleichwertig aus zwei Blickwinkeln betrachtet.[21]

In der Regel wird dabei eine **funktionale von einer divisionalen Organisation überlagert**, denn mit der Bildung einer Matrixorganisation sollen die positiven Aspekte der funktionalen und der divisionalen Organisation vereint werden.

Man findet aber auch diese **alternativen Kombinationen der Dimensionen**:[22]

- Verrichtung und Region
- Verrichtung und Kunden
- Objekt und Region
- Objekt und Kunden
- interne und externe Verrichtungen

Stabsstellen, Assistenten und/oder Zentralbereiche sind wie bei den anderen Grundformen integrierbar, sie können jedoch nicht im Organigramm dargestellt werden.

Man verwendet die Bezeichnung Matrixorganisation, weil die optische Darstellung dieser Organisationsform einer Matrix entspricht (Abb. 16). In der Horizontalen werden klassischerweise die Funktionen und in der Vertikalen die Objekte aufgeführt.

Alle funktions- und objektorientierten Einheiten der zweiten Hierarchieebene unterstehen direkt der Unternehmensleitung und sind **gleichrangig und gleichberechtigt**.

Die Leiter der funktionalen Abteilungen sind für ihre spezielle Verrichtung hinsichtlich aller Objekte zuständig. Die objektorientierten Instanzen sind

---

[21] Vgl. Müller-Stewens/Lechner (2016), S. 541.

[22] Vgl. Robbins (2001), S. 494.

für ihre Objekte über alle Funktionen hinweg verantwortlich. Die Linie von der Unternehmensleitung zu den objektbezogenen Einheiten ist lediglich aus Darstellungsgründen in der Abb. 16 abgeknickt. Das bedeutet jedoch nicht, dass die Objekt-Manager hierarchisch unter den funktionsorientierten Instanzen stehen würden.

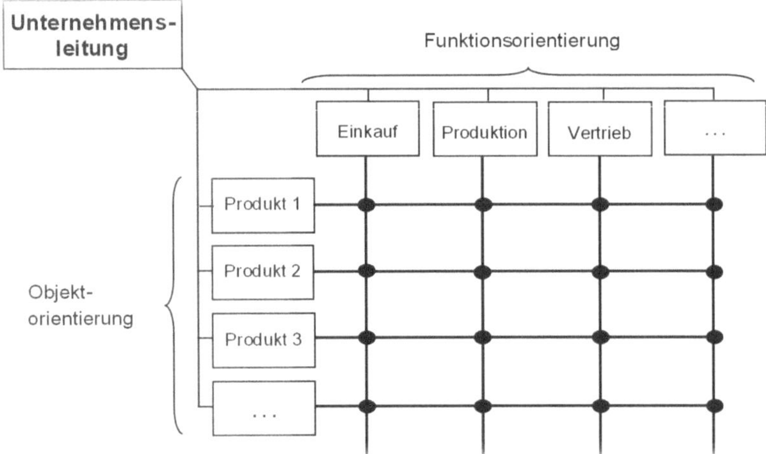

Abb. 16: Grundform der Matrixorganisation

Die Mehrdimensionalität der Matrixorganisation führt dazu, dass die **Matrixschnittstellen** (dicke Punkte) von zwei Vorgesetzten – entsprechend deren Spezialgebiet – Weisungen erhalten (Mehrfachunterstellung). Es handelt sich dabei um Mitarbeiter der **dritten Hierarchieebene**, die in größeren Unternehmen selbst wiederum als **Instanzen** ihre Abteilungen führen.

Mit der Mehrfachunterstellung lehnt sich die Matrixorganisation an das **klassische Mehrliniensystem** (Funktionsmeistersystem) an. Krüger bezeichnet die Matrixorganisation sogar als **moderne Variante des Funktionsmeistersystems.**[23]

Allerdings steht der Koordinationseffekt bei der Matrixorganisation wesentlich stärker im Vordergrund als beim Funktionsmeistersystem. Beim klassischen Mehrliniensystem war die fachliche (funktionsorientierte) Spezialisierung der Instanzen das Wichtigste. Die Mehrfachunterstellung verfolgt also bei der Matrixorganisation ganz **andere Ziele** als beim klassischen Mehrliniensystem. Außerdem handelt es sich beim Funktionsmeistersystem um eine eindimensionale Struktur, da dort auf der zweiten Hierarchieebene nur nach Funktionen zentralisiert wird, während die Matrixorganisation zweidimensional ist. Zudem ist die Mehrfachunterstellung im

---

[23] Vgl. Krüger (2005), S. 200.

Funktionsmeistersystem als Beziehung zwischen der untersten Instanzenebene und den Ausführungsstellen vorgesehen. Bei der Matrixorganisation sind die zweite und dritte Hierarchieebene betroffen. Dabei handelt es sich in der Regel um das Upper und das Middle Management.

Damit die Matrixorganisation funktioniert, müssen diese **Voraussetzungen** erfüllt sein:[24]

- Vorhandensein zweier sehr komplexer und in gleichem Maße für das Unternehmen kritischer Dimensionen
- Agieren in einer dynamischen Umwelt, weshalb das Unternehmen auf innovative Lösungen angewiesen ist
- Einsatz hochqualifizierter Mitarbeiter auf der zweiten und dritten Hierarchieebene, die in der Lage sind, sehr zahlreiche Informationen zu verarbeiten und Probleme aus unterschiedlichen Perspektiven zu betrachten
- kommunikations- und konfliktfähige Führungskräfte, die sich nicht durch Machtkämpfe profilieren wollen
- stressresistente Führungskräfte, die sich einem ständigen Koordinationsbedarf und entsprechenden Unsicherheiten gegenübersehen
- hohe Sozialkompetenz aller Beteiligten, die sie befähigt, auf die Sichtweisen und Argumente anderer Personen einzugehen und diese nachzuvollziehen

Bei der Matrixorganisation werden die **Konflikte**, die aufgrund der Mehrfachunterstellung entstehen können, nicht als Problem, sondern als **positives Element** gesehen. Sie werden **bewusst institutionalisiert**, gezielt herbeigeführt und sogar als produktiv empfunden. Sie sollen dazu beitragen, einen entstehenden Abstimmungsbedarf möglichst frühzeitig zu erkennen und optimale, innovative Problemlösungen zu finden.[25]

Aus theoretischer Sicht werden Konflikte und Koordinationsprobleme bei der Matrixorganisation nicht mithilfe formaler Regeln gelöst. Stattdessen sollen die Instanzen argumentieren, verhandeln und überzeugen, um auf diese Weise – verbunden mit einer prinzipiellen Kooperationsbereitschaft der betroffenen Kollegen – gemeinsam zu sinnvollen Ergebnissen zu gelangen.

Die **Praxis** sieht hingegen meist anders aus. Man hat es häufig nicht mit kooperations- und kompromissbereiten Managern zu tun, die klaglos auf einen Teil ihrer Macht verzichten. Viel eher ist mit Führungskräften zu rechnen, die darauf bedacht sind, ihre Macht zu wahren und auszubauen.

---

[24] Vgl. Scherm/Pietsch (2007), S. 185; Müller-Stewens/Lechner (2016), S. 542 f.

[25] Vgl. Thommen/Richter (2004), Sp. 828 ff.; Bea/Göbel (2019), S. 458.

Um das Konfliktpotenzial zu verringern, werden in der Praxis oft **Regeln zur Kompetenzverteilung** auf der zweiten Hierarchieebene aufgestellt:[26]

- Die Objektmanager sind für das „was und wann“ zuständig und die funktionsorientierten Instanzen bestimmen das „wie, wer und womit“. Dennoch kommt es zu Problemen, da zwischen den Zuständigkeiten weiterhin Interdependenzen bestehen.
- Einer der beiden Dimensionen wird seitens der Unternehmensleitung eine größere Befugnis eingeräumt. Die andere Dimension hat dann nur einen ergänzenden Charakter und ist nicht mit der ersten Dimension gleichberechtigt. Ihre Manager fungieren eher als Berater und als Unterstützer der vorrangigen Dimension denn als eigenständige Entscheider.
- Die Matrixorganisation wird ganz bewusst nur auf bestimmte Aufgaben beschränkt und nicht auf das gesamte Unternehmen übertragen. Auch in diesem Fall hat eine der beiden Dimensionen meistens eine schwächere Stellung und dient eher der Beratung und Unterstützung.

Vorteile der Matrixorganisation:

- durch die Delegation von Entscheidungs- und Weisungsbefugnissen sowohl auf funktions- als auch auf objektorientierte Manager wird die Unternehmensleitung entlastet
- durchdachtere und innovativere Problemlösungen, da die jeweiligen Themen aus unterschiedlichen Perspektiven betrachtet werden
- kurze Kommunikationswege
- Sachkompetenz, Kooperations- und Überzeugungsfähigkeit haben Vorrang vor der hierarchischen Macht
- indem die Führungskräfte an umfassenden Entscheidungsprozessen beteiligt werden, steigt ihre Motivation
- schnelle und flexible Reaktionen auf Veränderungen der Märkte

Nachteile der Matrixorganisation:

- Erfolg bzw. Misserfolg von Entscheidungen lässt sich meist nicht eindeutig zuordnen, da sie als Kompromisse funktions- und objektorientierter Instanzen zustande gekommen sind
- häufiger Abstimmungsbedarf der verrichtungs- und objektorientierten Sichtweisen bringt einen hohen Kommunikationsbedarf und entsprechenden zeitlichen Aufwand mit sich
- langsame und schwerfällige Entscheidungsfindung, da häufig Kompromisse notwendig werden

---

[26] Vgl. Bea/Göbel (2019), S. 359; Bühner (2004), S. 164 f.

- zum Teil erhebliche Machtkämpfe zwischen den Führungskräften der zweiten Hierarchieebene, da deren Entscheidungsbefugnisse nicht eindeutig geregelt werden können und sich überschneiden
- damit beide Seiten „das Gesicht wahren können", kann es zu „faulen" Kompromissen kommen
- Führungskräfte haben in der Matrixorganisation oft weniger Verantwortungsbewusstsein, da sie Entscheidungen nicht allein fällen
- Mitarbeiter fühlen sich verunsichert und haben ein großes Sicherheitsbedürfnis, da die Einheit der Auftragserteilung wegfällt
- sinkende Motivation der mehrfachunterstellten Mitarbeiter
- alle Beteiligten müssen über eine hohe soziale Kompetenz und viel Einfühlungsvermögen verfügen
- hohe fachliche Anforderungen an die Vorgesetzten und an die Mitarbeiter, die sowohl funktionale als auch objektbezogene Argumentationen nachvollziehen und bewerten müssen
- notwendige höhere Qualifikation aller Beteiligten führt zu deutlich höheren Personalkosten
- Tendenz zur Entwicklung informaler Normen, da die fehlenden Regeln bei der Kompetenzverteilung von den Vorgesetzten und Mitarbeitern häufig negativ wahrgenommen werden
- zahlreiche potenzielle Konflikte belasten Vorgesetzte wie ausführende Stellen gleichermaßen
- starke Bürokratisierung, da die Entscheidungsfindung und deren Ergebnisse dokumentiert werden müssen

Die Matrixorganisation wird in der Praxis meistens in Industrieunternehmen vor allem für überschaubare Unternehmensbereiche eingesetzt und nur selten auf die Gesamtorganisation übertragen.[27]

Man findet sie ferner in großen Dienstleistungsunternehmen, etwa in Unternehmensberatungen und internationalen Anwaltskanzleien.

Die Abb. 17 zeigt die Matrixstruktur der Unternehmensberatung Roland Berger, die in branchenorientierte und funktionsbezogene Competence Center aufgeteilt ist. Mit dieser Vorgehensweise soll erreicht werden, dass die interdisziplinär ausgerichteten Consultant-Teams über das jeweils für ihren Kundenauftrag erforderliche Know-how verfügen und die bestmöglichen Vorschläge erarbeiten können.[28]

---

[27] Vgl. Picot et al. (2015), S. 323 ff.

[28] Vgl. Klimmer (2016), S. 76.

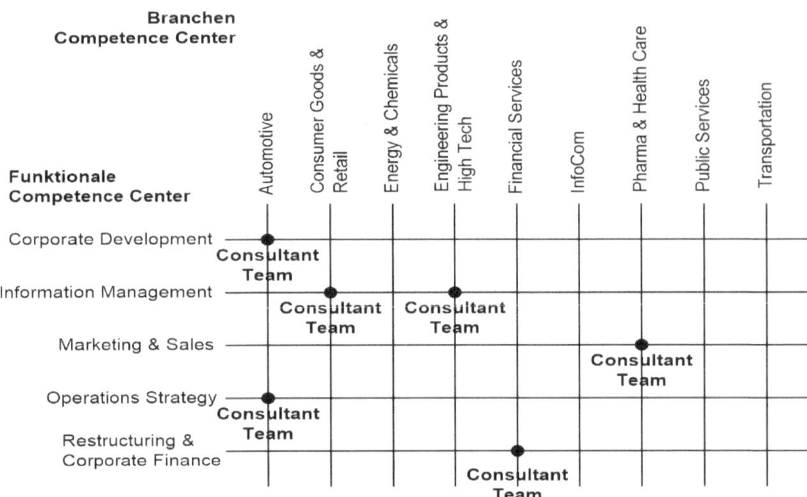

Abb. 17: Matrixstruktur der Unternehmensberatung Roland Berger[29]

[29] Entnommen aus: Klimmer (2016), S. 77.

2.5 Erweiterungen der Grundformen

2.5.1 Tensororganisation

Die Tensororganisation ist eine Weiterentwicklung der Matrixorganisation. Auf der **zweiten Hierarchieebene** kommt neben Verrichtung und Objekt **mindestens** eine **weitere gleichberechtigte Dimension** hinzu. Üblicherweise handelt es sich um Kundengruppen und/oder Regionen. Auf diese Weise kann den spezifischen Anforderungen bedeutender Abnehmer bzw. regionalen Besonderheiten besser entsprochen werden, da ihre Berücksichtigung im Upper Management angesiedelt ist.

Bei der Tensororganisation handelt es sich somit eine **drei- bzw. n-dimensionale Organisationsstruktur**.

Wie bei der Matrixorganisation sind auch bei der Tensororganisation alle Führungskräfte auf der zweiten Hierarchieebene grundsätzlich gleichberechtigt. Das bedeutet für die Mitarbeiter auf der nächsten Ebene – üblicherweise sind sie selbst Führungskräfte mit eigenen Abteilungen –, dass sie drei- oder mehrfach unterstellt sind.

Die Abb. 18 zeigt ein Beispiel einer dreidimensionalen Tensororganisation.

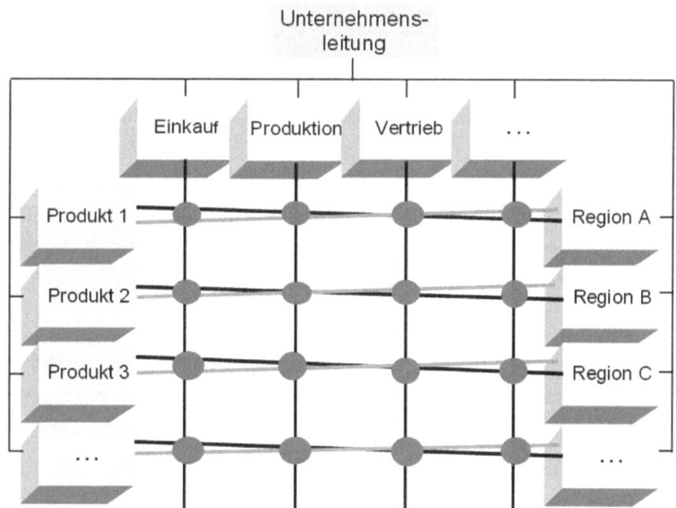

Abb. 18: Tensororganisation

Die **Voraussetzungen** für den Einsatz der Tensororganisation stimmen mit denjenigen der Matrixorganisation überein, wobei mindestens eine weitere besonders wichtige Dimension zu berücksichtigen ist.

Die **Vorteile** entsprechen denen der Matrixorganisation. Die **Nachteile** treten allerdings bei der Tensororganisation noch deutlicher hervor. Durch die zusätzliche Dimension gibt es Kommunikations- und Koordinationsprobleme in verstärktem Maße, außerdem nimmt die Unübersichtlichkeit zu. Die Unterstellung unter einen weiteren Vorgesetzten kann die Überforderung der Mitarbeiter der dritten Ebene verstärken, da sie nun mindestens drei Vorgesetzten gerecht werden müssen.

Diese Struktur wird vor allem von multinationalen Unternehmen präferiert, die sich in sehr heterogenen Märkten, in unterschiedlichen Regionen und in einer instabilen Umwelt bewegen.[30] So gliedert beispielsweise die Volkswagen AG ihre Tensororganisation nach Marken, Funktionen und Regionen.

2.5.2 Holding-Organisation

Die Holding-Organisation ist eine Weiterentwicklung der Spartenorganisation. In großen Unternehmen werden die Sparten oft nicht mehr als Abteilungen geführt, sondern **rechtlich verselbständigt**. Diese Verselbständigung ist jedoch nur dann gerechtfertigt, wenn die Sparten groß genug sind und weitgehend unabhängig agieren können. Sie operieren dann als mehr oder weniger eigenständige Unternehmen.

Die Holding ist ein betriebswirtschaftliches Konzept und **keine eigenständige Rechtsform**. Sie hat in den letzten Jahren in der Praxis erheblich an Bedeutung gewonnen.[31]

Das Ergebnis ist ein Verbund mehrerer rechtlich selbständiger Unternehmen unter einer einheitlichen Leitung, d.h. ein **Konzern** mit einer konzernleitenden **Dachgesellschaft (Muttergesellschaft, Corporate Center)**, die Beteiligungen an den rechtlich selbständigen Untergesellschaften, den **Tochterunternehmen,** hält. Teilweise agiert sie zusätzlich direkt auf dem Markt.

Tritt die Dachgesellschaft nicht selbst am Markt auf und betreibt keine eigenständigen operativen Geschäfte, sondern verwaltet und koordiniert lediglich ihre Tochtergesellschaften, spricht man von einem **Holding-Konzern** und aus organisatorischer Sicht von einer **Holding-Organisation**. Während die Untergesellschaften vorrangig für die **Leistungserstellung und -verwertung** zuständig sind, steuert die Dachgesellschaft das Gesamtunternehmen. Diese Art von Dachgesellschaft wird als **Holding** bezeichnet.

---

[30] Vgl. Macharzina/Wolf (2017), S. 426 ff.; Keller (2004), Sp. 421 ff.

[31] Vgl. Bea/Haas (2017) S. 404.

Der Begriff wird aber auch als Überbegriff für die gesamte Konzernkonstruktion verwendet, während die Dachgesellschaft dann **Holding-Mutter** oder **Muttergesellschaft** genannt wird. Die Untergesellschaften sind die **Holding-Töchter**.

Mithilfe der Holding-Organisation sollen kleinere, dezentrale, selbständige Einheiten schneller und flexibler auf dem Markt agieren können.[32] Es geht darum, Dezentralisierungsvorteile bestmöglich zu nutzen.[33] Zum Teil wird deshalb ganz **bewusst auf Größenvorteile oder Synergieeffekte verzichtet**, stattdessen rücken Flexibilität und Innovationsfähigkeit der Untergesellschaften in den Mittelpunkt. Die Töchter sind häufig auf lokale Märkte ausgerichtet, was auch als „**close to the customer**" bezeichnet wird.[34]

Die **Voraussetzungen** der Holding-Organisation entsprechen denjenigen der divisionalen Organisation. Man will die Einheiten auf der zweiten Hierarchieebene hier aber **selbständiger und unabhängiger** agieren lassen.

Die einzelnen Divisionen können wiederum eigene, rechtlich selbständige **Enkelunternehmen** umfassen. In diesem Fall handelt es sich um eine **mehrstufige Holding-Konstruktion**, bei der die Tochtergesellschaften als **Zwischen-Holding** fungieren und die Koordination für die untergeordneten Einheiten übernehmen. Die Zwischen-Holdings werden ihrerseits von der Dachgesellschaft verwaltet.

Die Dach- bzw. Zwischen-Holdings **koordinieren** ihre Untergesellschaften mithilfe dieser Instrumente:[35]

- **Unternehmensverträge**: Zwischen der Konzernmutter bzw. der Zwischengesellschaft und ihren Untergesellschaften werden Beherrschungsverträge abgeschlossen, welche der Holding-Mutter genau festgelegte Leitungs- und Weisungsbefugnisse einräumen. Sie werden in der Regel um Gewinnüberlassungsverträge ergänzt, die die Untergesellschaften dazu verpflichten, ihren Gewinn ganz oder teilweise nach oben abzuführen.
- **Finanzhoheit**: Die Dachgesellschaft sammelt, verwaltet und verteilt die finanziellen Mittel. Ihr obliegt die Finanzhoheit über alle Untergesellschaften, womit sie die Konzerninteressen wahren und durchsetzen kann.

---

32 Vgl. Krüger (2005), S. 209.

33 Vgl. Schreyögg/Geiger (2016), S. 50.

34 Vgl. Vahs (2019), S. 172.

35 Vgl. Bea/Göbel (2019), S. 354.

- **Personalunion**: Wichtige Positionen in den Untergesellschaften werden von Personen besetzt, die auch bedeutsame Stellen in der Dachgesellschaft innehaben. So kann ein Vorstandsmitglied der Dachgesellschaft gleichzeitig im Aufsichtsrat einer Untergesellschaft sitzen. Auf diese Weise nimmt die Dachgesellschaft Einfluss auf die **wirtschaftliche Selbständigkeit** der Untergesellschaften, während deren rechtliche Selbständigkeit unberührt bleibt.

Nach der Leitungsintensität lassen sich drei Formen der Holding-Organisation unterscheiden:[36]

- Finanz-Holding
- strategische Management-Holding
- operative Management-Holding

Bei einer **Finanz-Holding** obliegt der Dachgesellschaft lediglich die Anteilsverwaltung, womit sie sich auf die Wahrung der finanziellen Interessen des Holding-Konzerns beschränkt. Die Untergesellschaften genießen umfangreiche Freiheiten. Neben den operativen Geschäften überlässt ihnen die Dachgesellschaft die gesamte strategische Leitung mit Ausnahme der Finanzfunktion. Die Zentrale setzt die finanziellen Zielgrößen wie Gewinn, Cash Flow oder ROI fest. Die Tochtergesellschaften erstatten in größeren Abständen in aggregierter Form Bericht über die Erreichung der finanziellen Ziele.[37] Die Dachgesellschaft konzentriert sich auf das Halten (deshalb die Bezeichnung Holding), Erwerben und Veräußern von Beteiligungen. Sie kümmert sich weder um die strategische Ausrichtung noch um die operativen Geschäfte der Untergesellschaften.

Diese Form der Holdingstruktur wird häufig dann gewählt, wenn die Tochtergesellschaften nicht auf gemeinsame Ressourcen zurückgreifen können und sich kaum Synergieeffekte erzielen lassen.[38]

Bei der **strategischen Management-Holding** obliegt der Dachgesellschaft die strategische Leitung des Konzerns. Entsprechend werden die Aktivitäten der Tochtergesellschaften koordiniert. Ihnen werden die Zuständigkeit und Verantwortung für das operative Geschäft zusammen mit all denjenigen Funktionen übertragen, die notwendig sind, um Gewinn zu erwirtschaften.

In der Regel sind die Untergesellschaften – allerdings in Abstimmung mit der Dachgesellschaft – auch für ihre bereichsspezifische strategische Aus-

---

[36] Vgl. Krüger (2005), S. 209 f.; Breisig (2015). S. 172 f.

[37] Vgl. Schulte-Zurhausen (2013), S. 281.

[38] Vgl. Scherm/Pietsch (2007), S. 183.

richtung zuständig. Bei ihnen sind zumindest Produktion und Absatz angesiedelt, meistens auch die Forschung und Entwicklung. Die Untergesellschaften erstatten der Mutter regelmäßig ausführlich Bericht über die Ergebnisse, z.B. über Gewinn, Umsatz und Kosten. Auf Anforderung sind sie verpflichtet, weiterführende und genauere Informationen zu liefern.

Eine strategische Management-Holding kommt der divisionalen Organisationsstruktur mit Profit- oder Investment-Centern am nächsten, wobei die rechtliche Selbständigkeit der Center hinzukommt.

Bei der **operativen Management-Holding** greift die Dachgesellschaft auch in das operative (Routine-)Geschäft ihrer Tochtergesellschaften ein, bis hin zum Tagesgeschäft. Grundsätzlich kann es zu Interventionen in alle betrieblichen Funktionen kommen. Daneben werden in größerem Umfang Funktionen aus den Tochtergesellschaften abgezogen und Zentralbereichen, welche in der Dachgesellschaft angesiedelt sind, übertragen, z.B. Einkauf oder Personalentwicklung. Die Untergesellschaften haben die Pflicht, die Dachgesellschaft laufend über das Erreichen operativer Ziele bis hin zu Details, z.B. die Veränderung einzelner Kostenarten, die aktuellen Lagerbestände etc., zu informieren.

Die operative Management-Holding gleicht am ehesten einer divisionalen Struktur mit Cost-Centern.

Die Holding-Organisation weißt alle Vor- und Nachteile einer divisionalen Organisation auf. Es gibt jedoch weitere positive Merkmale und Schwachstellen.

Zusätzliche Vorteile der Holding-Organisation:[39]

- wegen der größeren Nähe zum Markt und der Eigenständigkeit der Tochtergesellschaften können diese schnell und flexibel handeln
- Kapitalkraft und Marktpräsenz des Holding-Konzerns können von den Divisionen genutzt werden
- durch die rechtliche Autonomie der Tochtergesellschaften wird das eigenverantwortliche Handeln gestärkt
- indem sich die Untergesellschaften auf die Kernbereiche konzentrieren, erhöht sich die Kundenorientierung
- aufgrund der rechtlichen Selbständigkeit identifizieren sich die Mitarbeiter mehr mit ihrer Untergesellschaft
- mögliche Wechsel zwischen den verschiedenen Tochtergesellschaften und der Dachgesellschaft erhöhen die Karrieremöglichkeiten

---

[39] Vgl. Bea/Haas (2017), S. 411 f.

- es entsteht ein umfangreicher Manager-Pool für den Gesamtkonzern, aus dem qualifizierte Führungskräfte in den Tochtergesellschaften rekrutiert werden können
- Erfolge der Tochtergesellschaften, die einen eigenen Jahresabschluss erstellen müssen, können eindeutig zugeordnet werden
- Haftungsbegrenzung auf die rechtlich selbständigen Einheiten mindert das Risiko des Konzerns
- steuerliche Vorteile können durch geschickte Ausgestaltung der Rahmenbedingungen genutzt werden

Die zusätzlichen **Nachteile** sind:[40]

- zum Teil muss bewusst gegen die Interessen einzelner Tochtergesellschaften verstoßen werden, um Vorteile für den Holding-Konzern als Ganzes zu erzielen
- häufig schwammige Kompetenzabgrenzungen zwischen Holdingmutter und Tochtergesellschaften
- durch den Abstand zur Dachgesellschaft aufgrund der rechtlichen Selbständigkeit der Töchter kann das „Konzern-Wir-Gefühl“ verloren gehen
- Gewinnabführung der Tochtergesellschaften führt zu Motivationsproblemen, vor allem wenn es dadurch zu Quersubventionierungen weniger erfolgreicher Untergesellschaften durch erfolgreiche Holding-Töchter kommt
- Autonomie der Töchter kann zum Verlust von Größen- und Synergievorteilen im Konzern führen
- verstärkte Bürokratie durch die oft umfangreichen Planungs- und Kontrollaktivitäten der Dachgesellschaft
- rechtliche Verselbständigung der Tochtergesellschaften führt zu zusätzlichem Aufwand, etwa für Gründungen, Jahresabschlüsse und Hauptversammlungen

---

[40] Vgl. Bea/Haas (2017), S. 414.

Kapitel 3:
Sekundärorganisationen

3.1 Vorbemerkung

Während mit den bisher beschriebenen Strukturen der Primärorganisation die routinemäßigen Daueraufgaben geregelt werden, dient die Sekundärorganisation der Erfüllung besonderer, bedeutsamer Aufgaben, die keine Routineaufgaben sind. Diese Aufgaben und Ziele passen nicht in die „normale" Organisationsstruktur, deshalb werden für sie eigene Strukturen geschaffen.

Sekundärstrukturen bestehen neben und gleichzeitig mit der Primärorganisation und unterstützen diese. Je nach Zielsetzung kann eine Sekundärorganisation dauerhaft oder zeitlich befristet sein. Sie wird auch als **duale Organisation**, **Parallelorganisation** oder kollaterale Organisation bezeichnet.[41] Die Abb. 19 zeigt die wichtigsten Formen.

Sekundärorganisation

Ergänzende Aspekte	Form der Sekundärorganisation
Produktorientierung	Produktmanagement-Organisation (Brand-Management)
Kundenorientierung	Key-Account Management
Marktorientierung	Marktmanagement-Organisation
Funktionsorientierung	Funktionsmanagement-Organisation
Strategische Planung	Strategische Geschäftseinheiten
Komplexe und innovative, zeitlich befristete Problemstellungen	Projektorganisation
Karriere	Parallelhierarchien

Abb. 19: Formen der Sekundärorganisation

Normalerweise sind Sekundärorganisation **auf Dauer angelegte Ergänzungen der Primärorganisation**.

Eine Ausnahme bildet die Projektorganisation, bei der es um eine **zeitlich befristete Sekundärstruktur** handelt, die eigens für ein konkretes Projekt gebildet wird. Nach der Beendigung dieses Projektes wird die Projektorganisation nicht mehr benötigt und somit aufgelöst. Wenn ein neues Projekt starten soll, wird sie erneut eingeführt und vorher ggf. modifiziert und auf die Bedingungen dieses neuen Projektes angepasst.

---

[41] Vgl. Vahs (2019), S. 141.

3.2 Produktmanagement-Organisation

Der Gedanke, in funktional organisierten Unternehmen auch die spezifischen Anforderungen unterschiedlicher Produktgruppen berücksichtigen zu müssen, führte zur Entwicklung von Produktmanagement-Organisationen.

Die Anfänge der **Produktmanagement-Organisation (Brand Management)** finden sich bereits in den 1920er Jahren in den USA. Mit dieser Struktur versuchte das Unternehmen Procter & Gamble den Absatzschwierigkeiten bei Konsumartikeln, insbesondere bei seiner Seife „Camay“, zu begegnen.[42] Damit hatte man offensichtlich Erfolg, denn die Seife wird bis heute verkauft.

Die Produktmanagement-Organisation sieht – ergänzend zur Primärstruktur – die Bildung spezieller Produktmanager-Stellen zur Betreuung einzelner Produkte oder Produktgruppen vor. Sie wird häufig von Konsumgüterunternehmen mit funktionaler Organisation eingesetzt, die Markenartikel herstellen, da viele dieser Produkte ganz bestimmte Kundengruppen ansprechen sollen und ein spezielles Marketing erfordern. Damit will man die **Vorteile der Funktionalorganisation erhalten** und gleichzeitig der notwendigen Produkt- und Marktorientierung Rechnung tragen.

Bei hohem Diversifikationsgrad der Produkte kann es sinnvoll sein, statt der Produktmanagement-Organisation gleich eine produktorientierte Primärorganisation zu wählen. Deshalb wird sie als **Vorstufe zur Spartenorganisation** gesehen.

Das Produktmanagement kann man – allerdings eher selten – auch in Spartenorganisationen als Sekundärstruktur finden. Dabei handelt es sich meist um Divisionen mit unterschiedlichen Produktgruppen, in denen einzelne Produkte zusätzlich einer ganz gesonderten Betreuung bedürfen.

Produktmanager sind Produktspezialisten und Funktionsgeneralisten. Sie nehmen eine **Produkt-Markt-Querschnittsfunktion** ein.[43] Ihre **Aufgaben** sind:

- Sammeln und Aufbereiten aller produktrelevanten Informationen durch Markt-, Zielgruppen- und Wettbewerbsanalysen
- Bewertung produktbezogener Marktchancen
- Überprüfung, ob bestimmte Produkte besonderer Aktivitäten bedürfen

---

[42] Vgl. Breisig (2015), S. 93.

[43] Vgl. Schulte-Zurhausen (2013), S. 314 f.

- Erstellung produktspezifischer Absatz-, Umsatz- und Kostenpläne
- Ausarbeitung, Umsetzung und Kontrolle von Marketing-Konzepten
- Unterstützung der Funktionalabteilungen bei der Entwicklung von Produktneuheiten, -variationen und -verbesserungen
- Hilfestellung bei der Produkteinführung

Produktmanager sind bei ihrer Aufgabenerfüllung auf die Unterstützung von Primärabteilungen, insb. auf Marktforschung, Werbung, Produkt-Design etc., angewiesen. Sie verfügen nicht über eine eigene Abteilung und Mitarbeiter, sondern sind i.d.R. auf sich allein gestellt.

Eine Produktmanagement-Organisation ist unter diesen **Voraussetzungen** sinnvoll:[44]

- es handelt sich um ein heterogenes Produktprogramm
- für die Produkte gelten unterschiedliche Marktbedingungen, denen das Unternehmen Rechnung tragen muss
- Marktkomplexität und -dynamik, etwa kurze Innovations- und Produktlebenszyklen, erfordern, dass einzelne Produkte bzw. Produktgruppen gesondert betreut werden

Die **Kompetenzen der Produktmanager** sind sehr unterschiedlich gestaltet. Sie reichen von bloßen Informationsrechten und -pflichten über fundierte Entscheidungsvorbereitung, weitgehende Beratungsrechte und -pflichten bis zu fachgebundenen Entscheidungs- und Weisungsbefugnissen in die Primärabteilungen hinein.

Der **Übergang zur Matrixorganisation** ist damit fließend.

Die **Vorteile** der Produktmanagement-Organisation sind:

- größere Kundennähe durch Ausrichtung der Absatzpolitik an Produktbesonderheiten
- neue Trends und neue Anforderungen an Produkte können frühzeitig erkannt und umgesetzt werden
- schnelle und effiziente Abstimmung produktbezogener Aktivitäten über die Funktionsbereiche hinweg
- Entlastung der Unternehmensleitung von Koordinationsaufgaben

Nachteile:

- zwischen den Vorgesetzten der Primärorganisation und den Produktmanagern kann es zu Kompetenzkonflikten kommen

---

[44] Vgl. Schulte-Zurhausen (2013), S. 314 f.

- Erfolg des Konzepts hängt in starkem Maße von den sozialen Kompetenzen des Produktmanagers ab
- Einsatz hochqualifizierter Produktmanager bringt hohe Personalkosten mit sich

3.3 Key-Account Management

Während die Güter und Dienstleistungen des Unternehmens beim Produktmanagement im Mittelpunkt stehen, **konzentriert sich** das Key-Account-Management **auf die Abnehmer** dieser Leistungen. Statt von **Key-Account Management** wird auch von **Kundenmanagement-Organisation** gesprochen.

Um die Bedürfnisse einzelner Kunden oder Kundengruppen gezielt befriedigen zu können, erhalten diese einen festen Ansprechpartner, der sich speziell um sie kümmert und sie in allen Belangen betreut.

Das Key-Account-Management wird sowohl ergänzend als auch alternativ zum Produktmanagement eingesetzt. Es ist auf bestimmte Kundengruppen, insbesondere auf Großkunden, ausgerichtet. Vor allem in der **Investitionsgüterindustrie** ist es seit langem verbreitet, da hier viele Aufgaben kundenindividuell gelöst werden müssen. Seit den 1970er Jahren ist es in Deutschland auch in der **Konsumgüterindustrie** anzutreffen. So gibt es in vielen Konsumgüterunternehmen Kundenmanager (**Key-Account Manager**). Sie betreuen große Handelsketten wie Aldi, Lidl, REWE etc., da mit ihnen ein Großteil des Umsatzes erzielt wird.

Der Key-Account Manager geht auf die Wünsche seines **Großkunden** ein. Dabei kann es z. B. um Sondergrößen einzelner Produkte, bestimmte Liefertermine und Liefermengen für einzelne Filialen, um besondere Verpackungen, gezielte Werbekampagnen, Preisverhandlungen und Ähnliches gehen. Neben der individuellen Betreuung haben die Kunden den Vorteil, dass ihnen bei allen ihren Belangen stets derselbe Ansprechpartner zur Verfügung steht.

In letzter Zeit rücken auch **Privatkunden**, die als weitgehend homogene Kundengruppe mit gleichartigen Bedürfnissen angesehen werden, ins Blickfeld des Key-Account Managements. Viele Unternehmen bestimmen einen Kundenmanager, der sich nur und speziell um die Wünsche und Belange von Privatkunden kümmern soll.

Dem Key-Account Manager obliegen diese **Aufgaben**:

- Sammeln und Auswerten von Informationen über den Kunden
- Aufbau von Kontakten und Kontaktpflege
- Beratung des Kunden hinsichtlich der Produkte und Dienstleistungen des Unternehmens
- Betreuung des Kunden bei allen anfallenden Problemen
- Verhandlungen mit dem Kunden

- Verkauf der Produkte und Dienstleistungen an den Kunden und Abschluss von Verträgen
- Abwicklung und Koordination der Kundenaufträge
- Erstellung, Realisierung und Kontrolle eines auf den Kunden abgestimmten Marketing-Konzepts

Damit das Key-Account Management erfolgreich ist, müssen diese **Voraussetzungen** erfüllt sein:

- überschaubare Zahl besonderer Kunden, bei denen eine differenzierte Betreuung angebracht ist
- Key-Account Manager muss über umfangreiche Kenntnisse der Produkte und Dienstleistungen seines Unternehmens und ebenso der Besonderheiten seines Kunden verfügen
- schneller Zugriff auf alle relevanten Kundeninformationen aufgrund eines hochwertigen Informations- und Kommunikationssystems
- Key-Account Manager muss innerhalb eines bestimmten Rahmens eigenständig entscheiden und handeln können

Für die Kompetenzen des Key-Account Managers gelten die gleichen Ausprägungsalternativen wie für den Produktmanager. Auch hier ist der **Übergang zur Matrixorganisation** fließend.

Vorteile der Key-Account Management-Organisation:

- Kundenprofile lassen sich differenzierter erfassen
- zielgruppenspezifische Marketing-Konzepte können passgenau entwickelt und umgesetzt werden
- Vertriebsressourcen konzentrieren sich auf die besonders wichtigen Kunden, die umhegt werden sollen
- Interessengegensätze zwischen dem Unternehmen und den Kunden können früh erkannt, diskutiert und abgebaut werden
- durch den Aufbau und die Förderung der Kundenbeziehungen werden Wettbewerbsvorteile langfristig gesichert
- der innerbetriebliche Koordinationsaufwand bei der Kundengewinnung und -betreuung verringert sich, da beide Aufgaben in einer Hand liegen
- durch die einheitliche vertriebspolitische Vorgehensweise wird die Verhandlungsposition gegenüber dem Kunden gestärkt

Nachteile dieser Organisationsform:

- höhere Personalkosten durch hochqualifizierte Key-Account Manager

- zwischen den Key-Account Managern und der Vertriebsabteilung kann es zu Kompetenzkonflikten kommen

Eine besonders ausgeprägte Form der Kundenmanagement-Organisation ist das **Customer-Relationship Management** (CRM).[45] Es umfasst alle kundenbezogenen Aktivitäten, von der ersten Kontaktaufnahme über die Intensivierung bis zur Wiederaufnahme von Kundenbeziehungen. Beim **CRM** geht es um die langfristige, positive Gestaltung der Kundenkontakte und die Optimierung aller kundenbezogenen Prozesse. Den Kunden werden nicht nur einzelne Produkte oder Dienstleistungen offeriert, sondern umfassende Problemlösungen angeboten. Dazu gehört es auch, die bestmögliche Kombination von Wertschöpfungspartnern, angefangen von den Zulieferern über die Logistikunternehmen und die Mitarbeiter bis zur Verkaufsstelle des Kunden zu finden.[46]

Der Übergang zur **Prozessorganisation** ist hier fließend.

---

[45] Vgl. Bruhn (2002), S. 132 ff.

[46] Vgl. Vahs (2019), S. 181 f.

3.4 Marktmanagement-Organisation

Oft stellen Unternehmen fest, dass in bestimmten Ländern oder Regionen gleiche oder sehr ähnliche Anforderungen an ihre Produkte oder Dienstleistungen gestellt werden. So gelten z.B. überall in der EU vorgegebene Qualitätsstandards, die einzuhalten sind. Bei Kunden in streng islamischen Ländern müssen beispielsweise bestimmte Herstellungsstoffe (Alkohol, Schweinefleisch etc.) in Konsumgütern oder Medikamenten vermieden und stattdessen alternative Produktbestandteile eingesetzt werden. Deshalb kann es in solchen Fällen sinnvoll sein, eine **an diesen Marktsegmenten orientierte Sekundärorganisation** aufzubauen. Die Beachtung regionaler Besonderheiten obliegt dann dem **marktorientierten Manager**.

Die **Marktmanagement-Organisation** kann alternativ oder zusätzlich zum Kunden- und/oder Produktmanagement implementiert werden.

Die **Aufgaben** des marktorientierten Managers sind:

- Sammeln und Aufbereiten aller Informationen über die regionalen Märkte
- Bewertung, welche Produkte und Dienstleistungen in diesen Regionen abgesetzt werden können
- Überprüfung, ob die jeweilige Region spezifische Variationen und Aktivitäten erfordert
- Vorbereitung und Kontrolle von Vertriebsaktivitäten, etwa hinsichtlich Konditionen und Distribution
- Koordination aller marktbezogenen, an regionalen Besonderheiten orientierten Unternehmensaktivitäten

Für eine Marktmanagement-Organisation müssen diese **Voraussetzungen** erfüllt sein:

- Unternehmen muss international ausgerichtet sein
- Anpassung an gebietsspezifische Kundenwünsche ist notwendig bzw. ausdrücklich gewünscht
- Marktmanager muss über genaue Kenntnisse der regionalen Besonderheiten sowie der Produkte und Dienstleistungen des Unternehmens verfügen

Was die **Kompetenzen** des marktorientierten Managers anbelangt, gilt das Gleiche wie bei den bereits beschriebenen anderen Formen der Sekundärorganisation.

Vorteile der Marktmanagement-Organisation:

- Entwicklung länder- bzw. regionenspezifischer Produkt- und Marketingstrategien
- Unternehmensleitung wird von Koordinationsaufgaben entlastet
- effektive Durchführung aller länderrelevanten Aktivitäten über die Funktionsbereiche des Unternehmens hinweg

Die **Nachteile** sind:

- mögliche Kompetenzkonflikte zwischen den Linienmanagern und Marktmanagern
- höhere Personalkosten durch den zusätzlichen Einsatz hochqualifizierter marktorientierter Manager

Der Übergang zur **Matrixorganisation** ist fließend.

3.5 Funktionsmanagement-Organisation

Bei der funktionsorientierten Sekundärorganisation geht es darum, ausgewählte besonders bedeutsame Funktionen bereichsübergreifend zu planen, zu koordinieren, umzusetzen und zu kontrollieren.[47]

Eine **Funktionsmanagement-Organisation** ist dann angebracht, wenn sich die Unternehmensziele besser mit einer zentralen Planung und Koordination dieser besonderen Funktionen erreichen lassen.

Typische Bereiche des Funktionsmanagements sind unternehmenswichtige Aufgaben, die in allen Abteilungen nach einheitlichen Standards erfüllt werden sollen, z.B.:

- Controlling
- Qualitätsmanagement
- IT-Management
- Logistik

Aktuell sind in vielen Unternehmen das **Umweltmanagement** oder das **Nachhaltigkeitsmanagement** hinzugekommen, für sie werden einheitliche Grundsätze und Vorgehensweisen festgelegt, die dann in den Abteilungen der Primärorganisation umzusetzen sind.

Die Funktionsmanagement-Organisation unterscheidet sich von den zur Primärorganisation gehörenden **Querschnittseinheiten**, die im Zusammenhang mit den Leitungshilfsstellen beschrieben wurden, vor allem dadurch, dass nicht die **zentrale Erfüllung** einer bestimmten Funktion im Mittelpunkt steht, sondern die **zentrale Planung und Koordination** dieser Funktion. So ist das Qualitätsmanagement als Teil der Funktionsmanagement-Organisation nicht dazu da, Qualitätsarbeit für die einzelnen Abteilungen zu leisten, sondern mittels Planung und Koordination sicherzustellen, dass in den Abteilungen ein bestimmtes Qualitätsniveau erreicht und **dort** ein sinnvolles Qualitätsmanagement betrieben wird.

Die Funktionsmanagement-Organisation kann sowohl in Spartenorganisationen als auch in funktionalen Organisationen implementiert werden. Da es ein Nachteil der Spartenorganisation ist, dass funktionsorientierte Spezialisierungsvorteile verloren gehen, leuchtet die Sinnhaftigkeit der Implementierung einer Funktionsmanagement-Organisation als Sekundärorganisation in diesem Fall unmittelbar ein.

---

[47] Vgl. Klimmer (2016), S. 95.

Aber auch bei einer funktionalen Organisation kann zusätzlich eine funktional ausgerichtete Sekundärstruktur notwendig sein, obwohl bereits die Primärorganisation funktional ist. Es geht dabei dann um verrichtungsorientierte Querschnittsfunktionen, bei denen die übergreifende Koordination dafür sorgt, dass die übergeordneten Ziele des Unternehmens in den Funktionalabteilungen nicht aus den Augen verloren werden.

Die notwendigen **Kompetenzen** des Managers sind die gleichen wie bei den anderen bereits beschriebenen Formen der Sekundärorganisation.

Vorteile des Funktionsmanagements sind:[48]

- durch die standardisierten Prozesse, die für das gesamte Unternehmen gelten, werden die Qualität und die Effizienz wichtiger Funktionen sichergestellt
- durch die Zusammenfassung von funktionsorientiertem Know-how lassen sich die Organisationseinheiten gut koordinieren

Nachteile:[49]

- Gefahr, dass die Organisationseinheiten der Primärstruktur zu wenig Eigeninitiative entwickeln und sich stattdessen darauf verlassen, dass die Koordinationsstellen entsprechende Vorgaben machen
- aufgrund der vereinheitlichten Vorgehensweise für das Gesamtunternehmen werden länder-, kunden- und produktspezifische Besonderheiten weniger berücksichtigt

---

[48] Vgl. Klimmer (2016), S. 98.

[49] Vgl. ebd.

3.6 Strategische Geschäftseinheiten

Da die Primärorganisation auf die Erfüllung der regelmäßigen Daueraufgaben und auf die kurz- bis mittelfristige Zielerreichung ausgerichtet ist, ist sie bei strategischen Überlegungen wenig hilfreich.

Deshalb werden **ergänzend Strategische Geschäftseinheiten** (SGE) oder **Strategic Business Units** (SBU) gebildet, die die strategische Ausrichtung und das langfristige Überleben des Unternehmens sichern sollen.[50] Sie bilden die Basis für die strategische Planung in Großunternehmen und für die Strategieentwicklung in den strategischen Geschäftsfeldern.

Strategische Probleme lassen sich nur in Ausnahmefällen einheitlich für das Gesamtunternehmen betrachten.

Dabei handelt es etwa um **Fragen nach**

- wichtigen Konkurrenten und ihren Strategien,
- dem Wachstum der Märkte, auf denen das Unternehmen agiert,
- Produktlebenszyklen und den Vorgehensweisen, diese zu beeinflussen,
- Möglichkeiten das Marktvolumen zu verändern,
- den neuesten technologischen Entwicklungen in verschiedenen Bereichen und deren sinnvoller Nutzung und
- den wesentlichen Faktoren für den Erfolg bzw. Misserfolg einzelner Unternehmensbereiche und Produktgruppen.

In der Regel gibt es auf diese Fragen keine Antworten, die für das gesamte Unternehmen gelten und auch keine allgemeingültigen Reaktionen für alle Produkte, Märkte, Kunden etc. Vielmehr erfordern verschiedene Unternehmensbereiche **unterschiedliche Vorgehensweisen und Lösungen**. Deshalb bildet man **Strategische Geschäftseinheiten**.

Strategische Geschäftseinheiten werden als Einheiten **definiert**,

- die homogene Produkte oder Dienstleistungen so zusammenfassen, dass die Kunden und deren Wettbewerber genau bekannt sind, bzw.
- die über Kernfähigkeiten oder Kernprodukte verfügen, welche dem Unternehmen Wettbewerbsvorteile verschaffen bzw. diese langfristig sichern sollen.

[50] Vgl. Jones/Bouncken (2008), S. 462; Vahs (2019), S. 194.

Die Bildung Strategischer Geschäftseinheiten ist ein schwieriges Unterfangen. Sie gilt in der Praxis geradezu als Kunst.

Wichtige **Kriterien bei der Bildung** einer SGE sind:[51]

- eigenständige Marktaufgabe
- bedeutende, unternehmensrelevante Aufgabe
- eindeutig identifizierbare Konkurrenten
- Potenzial zur Erzielung relativer Wettbewerbsvorteile
- Möglichkeit, eigenständige und weitgehend unabhängige Entscheidungen zu treffen
- ausreichende Managementkompetenz der beteiligten Führungskräfte

Strategische Geschäftseinheiten können in alle Formen der Primärorganisation integriert werden. Grundsätzlich baut die Bildung Strategischer Geschäftseinheiten auf der vorhandenen Primärorganisation auf. Deren Organisationseinheiten müssen sich aber nicht zwangsläufig mit den SGEs decken, da sie unterschiedliche Ziele verfolgen.

Sie unterstehen direkt der Unternehmensleitung. Zu ihrer Koordination wird in der Regel ein **zentraler strategischer Planungsstab** oder ein Planungsausschuss gebildet.

Wie die Abb. 20 am Beispiel einer divisionalen Primärorganisation zeigt, gibt es bei der **organisatorischen Eingliederung** Strategischer Geschäftseinheiten jede Menge Alternativen:

- **Fall 1**: Die SGE ist mit einem bestimmten Bereich der Primärorganisation identisch. Dies ist die einfachste Variante. UB 3 der Primärorganisation entspricht beispielsweise SGE 6. Das Gleiche gilt für P 1 und SGE 1. Die Vorgesetzten der Primärorganisation sind in der Regel jedoch nicht gleichzeitig auch die Leiter der SGEs, da die Zielsetzung jeweils eine andere ist, womit die Mitarbeiter zweifach und beiden Vorgesetzten gleichermaßen unterstellt sind.
- **Fall 2**: Mehrere Einheiten der Primärorganisation bilden zusammen eine Strategische Geschäftseinheit. Unter strategischen Gesichtspunkten haben sie einen gemeinsamen Vorgesetzten, in der Primärorganisation sind sie jedoch unterschiedlichen Vorgesetzten unterstellt. In der Abb. 20 gehören D 3 und D 4 in der Primärorganisation zu verschiedenen Unternehmensbereichen, aus strategischer Sicht sind beide Teile von SGE 4.

---

[51] Vgl. Staehle (1999), S. 727; Bühner (2004), S. 208 f.

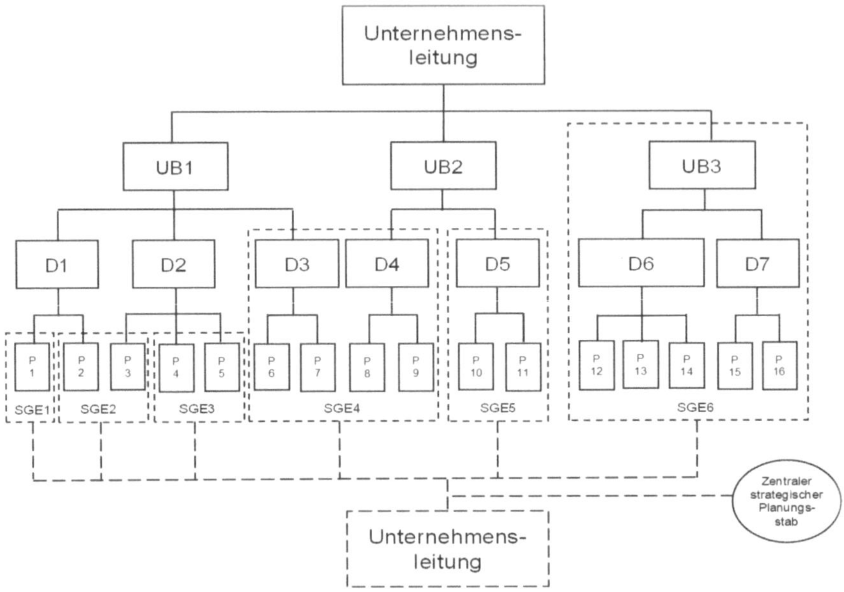

Abb. 20: Strategische Geschäftseinheiten in einer divisionalen Primärorganisation[52]

- **Fall 3**: Eine Einheit der Primärorganisation wird verschiedenen SGEs zugeteilt. In der Primärorganisation hat sie einen Vorgesetzten, in der Sekundärorganisation sind die Untereinheiten verschiedenen Instanzen zugeordnet. In der Abb. 20 unterstehen D 4 und D 5 in der Primärorganisation derselben Instanz, sind aber unterschiedlichen SGEs zugeordnet und haben bei strategischen Belangen unterschiedliche Vorgesetzte.
- **Fall 4**: Einzelne Teile aus verschiedenen primären Einheiten bilden gemeinsam eine Strategische Geschäftseinheit. So gehören P 2 und P 3 in der Primärorganisation zu unterschiedlichen Divisionen und sind in der Sekundärorganisation zur SGE 2 zusammengefasst.

Die Zuordnung zu einer Strategischen Geschäftseinheit muss angepasst werden, falls eine andere Kombination sinnvoller erscheint, etwa, wenn neue Konkurrenten oder Großkunden hinzukommen, wichtige Kunden neue Bedürfnisse entwickeln oder neue Strategien verfolgt werden. Andernfalls würde eine sog. **organisatorische Lücke** entstehen, die Organisationsstruktur würde der Strategie gewissermaßen „hinterherhinken“. Im Extremfall kann sie so ineffektiv werden, dass der Erfolg und die Überlebensfähigkeit des gesamten Unternehmens gefährdet werden.

[52] Entnommen aus: Szyperski/Winand (1979), S. 203.

Vorteile Strategischer Geschäftseinheiten sind:

- Unternehmensleitung wird von der Umsetzung der Strategien entlastet, da hierfür nun die Leiter der SGEs zuständig sind
- es lassen sich detaillierte Untersuchungen der spezifischen Markt-, Kunden- und Wettbewerbssituation durchführen
- Führungskräfte, denen die strategischen Produkt- und Marktentscheidungen obliegen, übernehmen die Verantwortung
- Zusammenarbeit von Primärorganisation und SGEs führt zu besseren Produkt- und Markt-Entscheidungen
- positive Auswirkungen für die Personalentwicklung, da Führungsnachwuchskräfte bei Mitarbeit in den Sekundärorganisationen früh in strategischem Denken geschult werden

Nachteile Strategischer Geschäftseinheiten:

- Konflikte und Machtprobleme, da die Vorgesetzten der SGEs und der primären Abteilungen meist nicht identisch sind
- Koordinationsprobleme, da die Strategieentwicklung bei der Unternehmensleitung angesiedelt ist und die Strategieumsetzung bei den Leitern der SGEs
- Notwendigkeit, neue Entgeltsysteme zu entwickeln, da die klassischen erfolgsorientierten Entgeltsysteme sich kaum auf Strategische Geschäftseinheiten übertragen lassen, weil ihre eher kurzfristige Ausrichtungen nicht zur strategischen Orientierung der SGEs passt
- gegenseitige Akzeptanzprobleme auf Seiten der SGE-Leiter und der Leiter der Primärabteilungen, da die Überlegungen zur Umsetzung der Strategien und die Verantwortung für das tägliche Geschäft getrennt sind
- Schwierigkeiten, Erfolgskomponenten zu definieren, da es Probleme bereitet, langfristige Wettbewerbsvorteile zu messen

3.7 Projektorganisation

3.7.1 Abgrenzung

Die Projektorganisation ist eine **zeitlich befristete** Sekundärorganisation. Sie schafft einen Ordnungsrahmen, innerhalb dessen die Projekte abgewickelt werden können, ohne dass diese das regelmäßige Geschäft und die Daueraufgaben, d.h. die Primärorganisation, stören.[53]

Die Projektorganisation ist ein Teilbereich des Projektmanagements. Sie wird auch als **Projektmanagement im engeren Sinn** bezeichnet. Zusätzlich gehören zum Projektmanagement weitere projektbezogene Aufgaben wie

- Kostenplanung,
- Zeitpläne,
- Mittelbereitstellung,
- Untersuchung logischer Abhängigkeiten zwischen den Teilprojekten und
- Projektkontrolle.

Die Projektorganisation ergänzt als zeitlich befristete Sekundärorganisation die Primärorganisation. Nach Beendigung des Projekts wird sie aufgelöst. Beim nächsten Sonderproblem wird eine neue Projektorganisation gebildet und es wird neu überlegt, welche Projektform nun sinnvoll ist.

Daneben gibt es auch (selten) **Primärorganisationen**, die selbst **als Projektorganisation** gestaltet sind. Solche Unternehmen bzw. Unternehmensbereiche wickeln ausschließlich Projekte ab, Sonderaufgaben sind bei ihnen gewissermaßen die **alltägliche Routine**.

Ein **Projekt** ist ein für das Unternehmen neuartiges, zeitlich befristetes Sonderproblem, welches mit begrenzten Ressourcen gelöst werden muss. Es ist so komplex, dass es normalerweise nicht nur eine Abteilung betrifft und deshalb eine interdisziplinäre Zusammenarbeit notwendig ist, um einseitige, ressort- oder abteilungsspezifische Lösungen zu vermeiden.

Ein Projekt zeichnet sich demnach durch diese **Merkmale** aus:

- **Zielorientierung**: Die Aufgabenstellung ist genau definiert.
- **Komplexität**: Es geht um die Lösung eines umfangreichen Problems, das mehrere Bereiche betrifft.

---

[53] Vgl. Breisig (2015), S. 85 f.

- **Neuartigkeit**: Projekte befassen sich mit neuen Aufgabenstellungen und mit Herausforderungen, das bedeutet, es geht nicht um Kleinigkeiten oder um Routineaufgaben.
- **Interdisziplinäres Handeln**: Ressort- bzw. abteilungsbezogenes Denken und Handeln soll bewusst vermieden werden.
- **Einsatz von Spezialisten**: Die Projektmitarbeiter werden anhand ihrer fachlichen Eignung ausgesucht.
- **Zeitliche Befristung**: Das Projekt hat einen genau definierten Anfang und einen festgelegten Endtermin.
- **Begrenzte sachliche und personelle Ressourcen**: Bestimmte sachliche Hilfsmittel und eine festgelegte Mitarbeiterkapazität werden zur Verfügung gestellt.
- **Finanzielle Begrenzung**: Für das Projekt wird ein Budget festgelegt.
- **i.d.R. Teamarbeit**: Projekte werden in den meisten Fällen von Teams durchgeführt.

Ein Projekt kann ein **physisches Objekt** wie ein Bauvorhaben, die Entwicklung neuer Produkte oder den Umzug in ein neues Verwaltungsgebäude und ein **abstraktes Objekt** wie eine SAP-Einführung, die Schulung von Call-Center-Mitarbeitern oder eine Unternehmensfusion zum Gegenstand haben.

Neben den gemeinsamen Merkmalen weisen Projekte **Eigenschaften** auf, in denen sie sich **unterscheiden**:

- zeitlicher Umfang
- Grad der Besonderheit des Projektes
- Komplexitätsgrad
- Schwierigkeitsgrad
- Bedeutung des Projekts für die Gesamtziele des Unternehmens
- Schaden, der entsteht, wenn die Projektziele nicht erreicht werden

Von diesen Unterschieden hängt es ab, welche Form der Projektorganisation sich im Einzelfall am besten eignet. Je nach deren Ausprägungen ist eine bestimmte Projektform die sinnvollste Variante.

Man unterscheidet drei **Grundformen**:[54]

- Stabs-Projektorganisation

---

[54] Vgl. Jung/Heinzen/Quarg (2018), S. 455 ff.

- Matrix-Projektorganisation
- Reine Projektorganisation

In der Praxis finden sich zahlreiche **Mischformen**.

3.7.2 Stabs-Projektorganisation

Bei dieser Projektform wird ein Mitarbeiter von der Unternehmensleitung für einen bestimmten Zeitraum zum **Projektleiter** ernannt. Er ist für diese Aufgabe und für die Dauer des Projektes in der Regel direkt dem Top Management unterstellt.

Ähnlich wie bei einer normalen Stabsstelle der Primärorganisation hat auch der Leiter eines Stabs-Projektes in der Sekundärorganisation **keine Weisungsbefugnis**.[55]

Eine weitere Besonderheit ist, dass **kein Projektteam** gebildet wird, d.h. der Projektleiter hat **keine** eigenen Projekt-Mitarbeiter, die ihm unterstellt sind. Dennoch soll er das Projekt nicht allein durchführen. Wegen der Komplexität des Problems, die entsprechend der Definition zum Projekt gehört, wäre dies auch nicht möglich.

Die **Aufgaben** des Projektleiters sind:

- Zerlegung des Projekts in Teilaufgaben
- Verteilung der Aufgaben auf die betroffenen Abteilungen
- Versorgung der Beteiligten mit Informationen
- Koordination der Aktivitäten
- Terminüberwachung
- Überwachung des Projektfortschritts
- Überprüfung, ob die (Teil-)Projektziele erfüllt sind oder von ihnen abgewichen wird
- Beratung der Unternehmensleitung und Linieninstanzen im Rahmen des Projektes
- Kostenkontrolle

Da der Projektleiter nicht über direkt unterstellte Projektmitarbeiter verfügt, ist er auf die **Unterstützung der Vorgesetzten der Linienabteilungen** angewiesen. Deren Mitarbeiter nehmen die Projektaufgaben neben ihren eigentlichen Aufgaben zusätzlich wahr. Sie verbleiben während der gesamten Projektdauer in ihren Abteilungen, werden nicht abgeordnet und

---

[55] Vgl. Schwarze (2006), S. 299.

erledigen die Projektaufgaben nebenher nur auf Anweisung ihres direkten Vorgesetzten.

Der Projektleiter kann keine Weisungen erteilen. Vielmehr muss er die jeweiligen Linieninstanzen von der Notwendigkeit und Dringlichkeit seines Projekts überzeugen. Stabs-Projekte werden deshalb auch als **Überzeugungsprojekte**, **Einflussprojekte** oder **Projektkoordination** bezeichnet.

Die **Fähigkeit Einfluss zu nehmen** und zu überzeugen ist eine wesentliche Eigenschaft, über die der Projektleiter bei einem Stabs-Projekt verfügen muss. Neben seiner **fachlichen Kompetenz** benötigt er umfangreiche **Sozialkompetenz**, damit das Projekt nicht zum Scheitern verurteilt ist.

Die **Stabs-Projektorganisation** ist in Abb. 21 dargestellt.

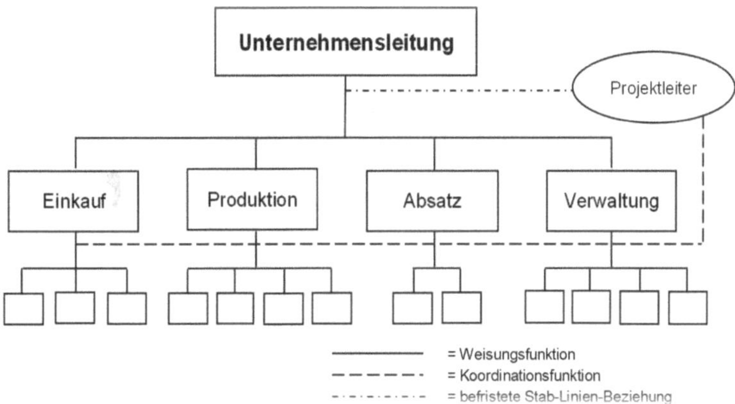

Abb. 21: Stabs-Projektorganisation

Die Stabs-Projektorganisation ist unter diesen **Voraussetzungen** sinnvoll:

- wegen der eher geringen Komplexität des Projektes ist die Abordnung von Mitarbeitern aus den betreffenden Abteilungen nicht gerechtfertigt
- Projekt muss sich in sinnvolle Teilaufgaben differenzieren lassen, die weitgehend unabhängig voneinander durchgeführt bzw. mit nur gelegentlichen Absprachen erfüllt werden können
- Projektleiter muss neben hoher fachlicher Kompetenz große Überzeugungsfähigkeit besitzen
- Projektleiter muss bei den Beteiligten hohes Ansehen genießen
- Projektleiter muss über informale Macht verfügen
- Projekt sollte nicht sehr dringlich sein

- Projekt ist für die Ziele des Unternehmens von eher untergeordneter Bedeutung
- Scheitern des Projektes führt nicht zu großem Schaden für das Unternehmen

Vorteile der Stabs-Projektorganisation sind:

- laufende Arbeit in den Abteilungen bleibt weitgehend unbeeinträchtigt
- es sind lediglich geringfügige Ergänzungen der bestehenden primären Organisationsstruktur notwendig
- Projektmitarbeiter werden nur insoweit in Anspruch genommen als tatsächlich Aufgaben vorliegen und können sich ansonsten ihren normalen Aufgaben widmen
- Mitarbeiter können an mehreren Projekten gleichzeitig mitarbeiten

Als **Nachteile** erweisen sich:

- Projektleiter ist vom „good will" der Linienvorgesetzten abhängig, da er keine Weisungsbefugnis hat
- Entscheidungsvorbereitung ist umständlicher als bei einem Projekt, bei dem der Projektleiter mit umfangreicheren Befugnissen ausgestattet ist
- schwerfällige Entscheidungsfindung, da die Linieninstanzen den üblichen Aufgaben ihrer Abteilungen normalerweise Priorität geben
- ständiges Ringen um die Kapazitäten der Mitarbeiter
- wegen der genannten Nachteile kommt es oft zu Verzögerungen
- außer dem Projektleiter fühlt sich niemand für das Projekt verantwortlich
- ständiger Koordinationsbedarf des Projektleiters belastet die Linienvorgesetzten
- bei den Mitarbeitern, die neben ihren Routinearbeiten zusätzlich Projektaufgaben erfüllen müssen, kann es zu Überlastung kommen

Trotz der aufgeführten Nachteile findet man Stabs-Projekte in der Praxis recht häufig.[56] Sie bieten sich vor allem an, um die **Leistungsfähigkeit einer Führungsnachwuchskraft** zu überprüfen, da der Projektleiter zeigen muss, dass er zu mehr in der Lage ist, als nur Anweisungen zu erteilen. Letzteres kann Jeder, der mit der entsprechenden formalen Macht ausgestattet wird.

---

[56] Vgl. Vahs (2019), S. 189.

Bei Stabs-Projekten kommt es hingegen auf die **sozialen Kompetenzen** und vor allem auf die **Fähigkeit** an, **zu motivieren und zu überzeugen**. An der Kooperationsbereitschaft der Linieninstanzen wird die Wertschätzung, die der Projektleiter bei höherrangigen Instanzen genießt, sichtbar.

3.7.3 Reine Projektorganisation (Task Force)

Bei dieser Projektform passt sich die Organisation am stärksten an die Anforderungen des Projektes an, da die Projektaufgaben vollständig aus der Primärorganisation ausgelagert werden und eine eigenständige, neue Organisationseinheit gebildet wird. Die Reine Projektorganisation wird auch als **Task Force** oder als **Pure Project Management** bezeichnet.[57]

Die Projektmitarbeiter werden für die Dauer des Projekts von ihren bisherigen Aufgaben entbunden und aus ihrer Abteilung und dem bestehenden Stellengefüge der Primärorganisation herausgelöst. Sie werden zu einem **Projektteam** – ggf. mit Unterteams – zusammengefasst und sind bis zum Projektende dem Projektleiter zugeordnet. Anschließend kehren sie normalerweise wieder in ihre ursprünglichen Abteilungen zurück.[58]

Die bisherigen Rangunterschiede spielen während des Projektes keine Rolle. Die Projektmitarbeiter können in der Primärorganisation auf einer niedrigen, der gleichen oder auch einer höheren Hierarchieebene als der Projektleiter tätig sein. Während des Projektes sind sie alle gleichrangig und dem Projektleiter unterstellt.

Die bevorzugte Arbeitsform der Task Force ist die **Teamarbeit**.

In der Regel hat der Projektleiter die **fachliche Weisungsbefugnis** bzgl. aller Projektmitarbeiter und bestimmt, wie die Projektaufgaben zu erfüllen sind.

Demgegenüber verbleibt das **disziplinarische Weisungsrecht** beim Vorgesetzten der bisherigen Abteilung. Dazu gehört vor allem das Recht, personalpolitische Maßnahmen wie Versetzungen, Beförderungen, Entgeltmaßnahmen oder Kündigungen gegenüber den Mitarbeitern einzuleiten und durchzuführen. Die Weisungsbefugnisse werden getrennt, um die Verbundenheit mit der Primärabteilung aufrechtzuerhalten und den bisherigen Vorgesetzten mit in wichtige Entscheidungen über den Mitarbeiter einzubeziehen. Fachliche Weisungen darf er ihm während der Projektdauer jedoch nicht erteilen. Sie obliegen allein dem Projektleiter.

---

[57] Vgl. Olfert (2019), S. 350.

[58] Vgl. Schreyögg (2016), S. 55.

Bei länger dauernden Projekten wird die disziplinarische Weisungsbefugnis allerdings häufig geteilt, womit dem Projektleiter nicht nur fachliche, sondern auch kurzfristige disziplinarische Weisungsrechte eingeräumt werden. Die langfristigen disziplinarischen Entscheidungen bleiben weiterhin beim Vorgesetzten der „Heimatabteilung".

In der Luft- und Raumfahrtindustrie beispielsweise können Projekte bis zu zehn Jahre dauern, weshalb es bisweilen sogar zu **projektbezogenen Unternehmensausgründungen** kommt.[59]

In derartigen Fällen wird dem Projektleiter die volle fachliche und disziplinarische Weisungsbefugnis übertragen. Die Projektmitarbeiter werden ganz aus ihren Abteilungen herausgelöst und kehren am Ende des Projektes auf eine adäquate Stelle, aber nicht unbedingt dieselbe Stelle in der früheren Abteilung zurück. Zum Teil werden sie auch neuen oder weiterführenden, sich anschließenden Projekten zugeteilt.

Mitarbeiter können auch nur **zeitweise** einem Projekt zugeordnet werden, falls dort nicht genug Arbeit für sie anfällt. So könnte z.B. in einer bestimmten Projektphase juristische Kompetenz erforderlich sein, vorher und nachher wird sie nicht mehr benötigt.

Wenn die notwendigen Qualifikationen im Unternehmen nicht vorhanden oder die entsprechenden Mitarbeiter in ihren Abteilungen unabkömmlich sind, stellt man eigens für das Projekt **befristet neue Mitarbeiter** ein. Nach dem Ende des Projekts scheiden sie normalerweise wieder aus dem Unternehmen aus, es sei denn, sie werden für Anschlussprojekte bzw. weitere Projekte benötigt oder ihnen wird – etwa aufgrund ihrer besonderen Qualifikation – eine befristete oder eine unbefristete Beschäftigung in der Primärorganisation angeboten.

Der **Projektleiter** muss über wesentlich mehr **Kompetenzen** als bei einem Stabs-Projekt verfügen. Er hat die volle **Entscheidungsbefugnis über alle Ressourcen** und übernimmt die alleinige **Verantwortung für die Durchführung und die Zielerreichung** dieses für das Unternehmen besonders bedeutsamen Projektes.

Er kann über sämtliche mit dem Projekt verbundenen Vorgehensweisen selbständig entscheiden und ist gegenüber den Projektmitarbeitern unmittelbar weisungsberechtigt.

Die Abb. 22 zeigt eine funktionale Organisation mit zwei Projekten in Form der Task Forces.

---

[59] Vgl. Frese et al. (2019), S. 416.

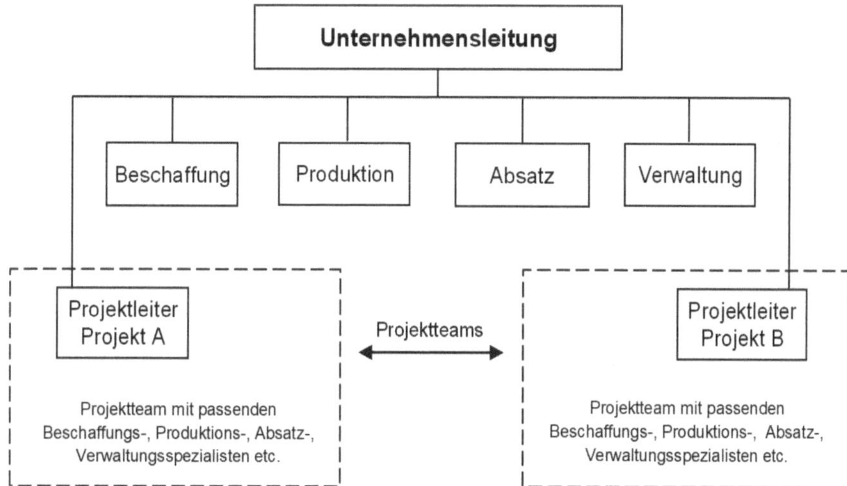

Abb. 22: Reine Projektorganisation

Eine Reine Projektorganisation ist unter diesen **Voraussetzungen** sinnvoll:

- es handelt sich um ein sehr komplexes und bedeutsames Projekt, das schnell zum erfolgreichen Abschluss gebracht werden muss
- werden die Projektziele nicht erreicht, kann es zu einem hohen Schaden für das Unternehmen kommen
- Arbeitsumfang des Projektes rechtfertigt die Freistellung mehrerer Mitarbeiter
- die freigestellten Mitarbeiter können in der Primärabteilung kurzfristig durch andere ersetzt werden, bzw. Umstrukturierungen ermöglichen eine schnelle Verteilung ihrer bisherigen Aufgaben
- qualifizierter und angesehener Projektleiter ist verfügbar, dem auch solche Mitarbeiter unterstellt werden können, die in der Primärorganisation gleich- oder höhergestellt sind

Vorteile sind:

- indem sich alle Beteiligten voll auf das Projekt konzentrieren, kann es schnell abgewickelt werden
- durch diese Projektform werden die laufenden Routineaufgaben nicht vernachlässigt, da die Mitarbeit im Projekt die einzige Pflicht der Projektmitarbeiter ist und in der Primärorganisation Vertretungsmaßnahmen für sie gefunden wurden
- es kommt kaum zu Konflikten zwischen den Fachabteilungen und der Projektleitung, da diese weitgehend selbständig ist und i.d.R. keine zusätzlichen Ressourcen aus den Fachabteilungen benötigt werden

- schnelle und einheitliche Entscheidungen, da der Projektleiter volle Entscheidungsbefugnis besitzt
- auf Störungen und Abweichungen kann umgehend reagiert werden, da keine Absprachen mit den Linienvorgesetzten erforderlich sind
- die Projektmitarbeiter identifizieren sich mit dem Projekt, da es nicht als lästige Nebenpflicht empfunden wird

Als **Nachteile** der Task Force erweisen sich:

- hoher organisatorischer Aufwand
- erhebliche Umstellungskosten in der Primärorganisation
- für freigestellte Mitarbeiter sind umfangreiche Vertretungsregelungen notwendig
- lange Vorbereitungsphase
- Projektmitarbeiter müssen Teamarbeit häufig erst lernen
- Unsicherheit bei den beteiligten Mitarbeitern, ob sich ihre Mitwirkung an dem Projekt positiv oder negativ auf ihre berufliche Zukunft in der Linienhierarchie auswirken wird
- Rekrutierungsprobleme, falls Mitarbeiter ihre Abteilungen nicht für längere Zeit verlassen wollen
- Rekrutierungsprobleme, falls die Abteilungsleiter besonders qualifizierte Mitarbeiter nicht längere Zeit freistellen wollen
- mögliche Unterauslastung der Mitarbeiter, da sie vollzeitlich für das Projekt abgestellt werden
- Probleme bei der Wiedereingliederung der Mitarbeiter in die hierarchische Struktur nach Projektende, da sie sich möglicherweise an die Teamarbeit gewöhnt haben und sie bevorzugen
- Mitarbeiter können aufgrund ihrer neuen Erfahrungen und Erkenntnisse das Interesse an ihrer bisherigen Stelle verlieren
- mögliche Entfremdung von der Fachabteilung, da sich Mitarbeiter oft stark mit dem Projekt identifizieren, das gilt vor allem bei langer Projektdauer

3.7.4 Matrix-Projektorganisation

Bei der **Matrix-Projektorganisation** wird die Primärorganisation durch zusätzliche **projektbezogene Weisungsrechte** überlagert, wodurch eine Art zeitlich befristete Matrixorganisation entsteht.

Die Abb. 23 zeigt eine funktionale Primärorganisation, in der es drei aktuelle Projekte als Sekundärorganisationen gibt.

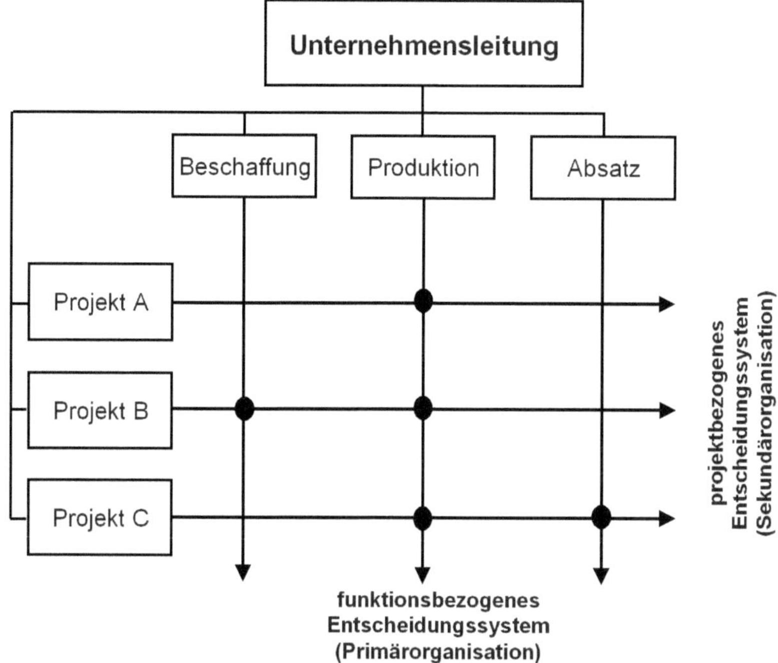

Abb. 23: Matrix-Projektorganisation

Der **Projektleiter** trägt die **volle Verantwortung** für sein Projekt. Er hat anders als bei der Task Force jedoch **keine direkt unterstellten Projektmitarbeiter**. Ähnlich wie ein Stabs-Projektleiter delegiert er die Teilaufgaben an die Linienabteilungen und die Mitarbeiter erfüllen die Projektaufgaben zusätzlich neben ihren regulären Aufgaben.

Der Projektleiter kann jedoch **Weisungen in den Linienabteilungen** erteilen. Die Mitarbeiter sind also zweifach – ihrem Linienvorgesetzten im Rahmen ihrer regulären Aufgaben und dem Projektleiter im Rahmen der Sonderaufgaben – unterstellt. Da beide Manager formal gleichberechtigt sind, sind die Konflikte um die „Ressource Mitarbeiter“ gewissermaßen vorprogrammiert.

Aus diesem Grund hat sich eine **modifizierte Form** der Matrix-Projektorganisation in der Praxis durchgesetzt, bei der der Projektleiter nicht direkt auf ganz bestimmte Mitarbeiter zugreift. Stattdessen wendet er sich an den zuständigen Fachabteilungsleiter, fordert bestimmte Leistungen an und legt den Termin für deren Erfüllung fest. Der Projektleiter bestimmt das „**wo, was und bis wann**“. Der jeweilige Abteilungsleiter legt daraufhin fest, welche Mitarbeiter die Aufgabe übernehmen und welche Hilfsmittel sie dabei einsetzen. Er ist für das „**wer, wie und womit**" zuständig. Sollten sich Projekt- und Linienmanager nicht einigen können, muss die übergeordnete Instanz entscheiden.[60]

Eine Matrix-Projektorganisation muss diese **Voraussetzungen** erfüllen:

- mehrere Abteilungen sind betroffen, jedoch nicht in dem Maße, dass es gerechtfertigt wäre, Mitarbeiter freizustellen
- Projekt kann in relativ klar zu trennende Teilaufgaben gegliedert werden, die sich einzeln bearbeiten lassen
- Fachabteilungen verfügen über ausreichende Kapazität und ausreichend qualifizierte Mitarbeiter
- Projektleiter verfügt neben den formalen Befugnissen über die notwendige informale Macht und Überzeugungsfähigkeit, um dem Projekt entsprechenden Nachdruck zu verleihen
- Projekt ist dringlicher als ein Stabs-Projekt, jedoch nicht so dringlich, dass eine Task Force gebildet werden müsste

Folgende **Vorteile** ergeben sich bei der Matrix-Projektorganisation:

- geringer Umstellungsaufwand
- weniger Akzeptanzprobleme bei den Mitarbeitern, da sie nicht aus ihren Abteilungen herausgelöst werden
- Mitarbeiter müssen nicht durch Stellvertreter ersetzt werden
- Personal lässt sich je nach Bedarf flexibel einsetzen
- einfachere Koordination als beim Stabsprojekt, da der Projektleiter Weisungsbefugnis besitzt
- Vorgesetzte in den Linienabteilungen fühlen sich für das Projekt mitverantwortlich, da sie an der Durchführung beteiligt sind

Die wichtigsten **Nachteile** sind:

- Projektleiter und Linienvorgesetzter konkurrieren um knappe personelle Ressourcen
- werden mehrere Projekte gleichzeitig durchgeführt, kann sich der Konflikt noch verschärfen
- Verzögerungen des Projektes, falls die Linieninstanzen ihrem Tagesgeschäft Vorrang einräumen
- Routine- und Projektaufgaben werden in den Fachabteilungen erfüllt und führen zu hohem Koordinierungsaufwand bei den Linienvorgesetzten

---

60 Vgl. Bühner (2004), S. 219.

- mögliche Überforderung der Mitarbeiter durch die Mehrfachbelastung

Neben den beschriebenen Formen findet man in der Praxis auch eine **ungleichberechtigte Form der Matrix-Projektorganisation**. In diesem Fall hat der Projektleiter **mehr Kompetenzen** als der Linienvorgesetzte. Bei Konflikten gehen die Wünsche des Projektleiters vor. So soll die vorrangige und zügige Erledigung des Projektes sichergestellt werden.

Um die Bedeutung eines solchen Projektes zu unterstreichen, ist der **Projektleiter** in der Regel direkt der Unternehmensleitung unterstellt. Häufig werden diese Projekte sogar unmittelbar von der Unternehmensleitung betreut, um sofort auf Planabweichungen reagieren zu können und dem Projekt zusätzlich Gewicht zu verleihen.

Der Projektleiter besitzt ähnlich umfangreiche Weisungsbefugnisse und Entscheidungsrechte wie bei der Reinen Projektorganisation. Er ist für die Ressourcen, die Durchführung und den Erfolg des Projektes und alle personellen Aspekte verantwortlich. Die Projektmitarbeiter verbleiben je nach Arbeitsaufwand in ihren Abteilungen oder werden auch manchmal für eine bestimmte Zeit aus ihnen herausgelöst. Da die Projektmitarbeiter überwiegend in ihren Linienfunktionen verbleiben, werden ihre dortigen Aufgaben weiter erfüllt, ohne dass umstrukturiert werden müsste. Allerdings sind Überstunden notwendig.

In vielen Unternehmen werden die Produktlebenszyklen immer kürzer und es sind ständig Anpassungen und neue Projekte notwendig. Hinzu kommt, dass diese Projekte zügig erledigt werden müssen, um Produktvarianten und neue Produkte schnell auf den Markt bringen zu können. Hier wird diese ungleichberechtigte Form der Matrix-Projektorganisation für solche Aufgaben oft dauerhaft installiert.[61]

---

[61] Vgl. Bühner (2004), S. 220.

3.8 Parallelhierarchien

Primärorganisationen sind hierarchisch gegliedert. Wegen des pyramidalen Unternehmensaufbaus verringern sich die Aufstiegsmöglichkeiten nach oben hin zwangsläufig, da der Stellenkegel immer enger wird. Außerdem haben neue organisatorische Strukturen aufgrund des **Lean Managements** zu einer Reduzierung der Instanzen geführt, was die **vertikalen Aufstiegsmöglichkeiten stark einschränkt**. Gleichzeitig sind in den letzten Jahren in vielen Unternehmen ganze Hierarchieebenen weggefallen, wodurch der regelmäßige, stufenweise Aufstieg, d.h. der Aufstieg in der **vertikalen Führungslaufbahn** weiter erschwert wird.

Auch die **Träger nicht-operativer Linienaufgaben** ohne Personalverantwortung haben wenige Aufstiegschancen. Dies gilt insbesondere für Spezialisten und Forscher. Ihnen stehen kaum hierarchieorientierte Karrieren offen, es sei denn, sie wechseln in Linienpositionen, die in der Regel jedoch kaum ihren Berufsvorstellungen oder ihrer Spezialisierung entsprechen.

Um Unzufriedenheit und Demotivation bei Führungsnachwuchskräften und Spezialisten zu vermeiden, gehen große Unternehmen verstärkt dazu über, alternative Laufbahnformen, die auch **Parallelhierarchien** genannt werden, einzuführen. Auch die Bezeichnungen **Dual Hierarchy** und **Dual Ladder** sind üblich. Man trifft sie vor allem im Forschungs- und Entwicklungssektor, im Vertrieb und im EDV-Bereich an.[62]

Die alternativen Laufbahnen sind:

- Führungslaufbahnen
- Fachlaufbahnen
- Projektlaufbahnen
- Funktionshierarchien

Einige Unternehmen fördern den **Wechsel zwischen den Laufbahnarten** im Rahmen ihrer systematischen Personalentwicklung bzw. planen ihn bei Management Development Programmen und den Karriereschritten ihres Führungsnachwuchses systematisch ein. Damit ermöglichen sie es ihren Nachwuchskräften auszuprobieren, wo ihre Stärken sind.

Als **Führungslaufbahn** bezeichnet man die klassischen Karrieremöglichkeiten. Diese können **vertikal** oder **horizontal** ausgelegt sein. **Vertikale** Versetzungen sind in der Regel mit einem hierarchischen **Aufstieg** verbunden. Falls ein **Abstieg** bei der Karriereplanung absichtlich eingeplant wird, vollzieht er sich nicht in der bisherigen Abteilung, sondern ist mit einem

---

[62] Vgl. Berthel/Becker (2003), S. 335.

Ressortwechsel verbunden. Eine **horizontale** Versetzung ist ein Stellenwechsel auf der gleichen Hierarchieebene in der Regel in einen verwandten Aufgabenbereich, z.B. vom Leiter der Buchhaltung zum Leiter des internen Rechnungswesens. Hier steht meistens die **Entwicklung zum Generalisten** im Vordergrund.[63]

Fachlaufbahnen bieten die Möglichkeit, mit zunehmender fachlicher Qualifikation in einer Parallelhierarchie aufzusteigen. Die Positionen sind in der Regel mit einem bestimmten Titel – z.B. Oberingenieur oder Senior Consultant – verbunden. Die anderen Statussymbole wie Dienstwagengröße, Reiseregelungen oder Büroausstattung, ähneln denjenigen der Führungslaufbahn. Fachlaufbahnen führen außerdem zu einem der hierarchischen Laufbahn vergleichbaren Entgeltzuwachs. Problematisch an Fachlaufbahnen ist ihre einseitige Spezialisierung, die einen inner- oder zwischenbetrieblichen Wechsel oft erschwert.[64]

Oft sind auch Karriereschritte in einer **Projektlaufbahn** vorgesehen. Die Übernahme von Führungsverantwortung bei Projekten bietet Fachkräften die Möglichkeit, zeitlich befristet Führungsaufgaben zu übernehmen und festzustellen, ob ihnen solche Aufgaben liegen. Umgekehrt erleben Führungskräfte die Vorzüge der Spezialisierung und können, weitgehend befreit von Zwängen des Tagesgeschäfts, ihr Fachwissen vertiefen. Hinzu kommt eine sehr wichtige soziale Komponente: Durch die bei Projekten vorherrschende Teamarbeit werden die Kommunikations-, Kooperations- und Konfliktlösungsfähigkeiten der Projektteilnehmer gestärkt,[65] was im Führungsalltag ebenfalls vorteilhaft ist.

Fach- und Projektlaufbahnen sind nur dann eine echte Karrierealternative, wenn sie in- und außerhalb des Unternehmens als **gleichwertig angesehen** werden. Ansonsten sind sie für die Mitarbeiter wenig attraktiv. Deshalb ist es notwendig, bei Parallelhierarchien und Führungslaufbahn die Distanz zwischen den Karriereschritten und die Schwierigkeit, die nächste Ebene zu erreichen, ähnlich zu gestalten und offenzulegen.

Vorteile von Fach- und Projektlaufbahnen sind:

- Anerkennung besonderer Leistungen seitens des Unternehmens durch Verleihung eines höheren formalen Status
- Verbesserung der Karriereaussichten trotz flacher Unternehmenspyramide

---

[63] Vgl. Mentzel (2012), S. 140; Nicolai (2019), S. 380.

[64] Vgl. Olesch (2003), S. 72 f.; S. 55.

[65] Vgl. Majer/Mayrhofer (2007), S. 36 ff.; Modi/Tschabrun (2004), S. 38 ff.

- Möglichkeit zu regelmäßigen Karriereschritten für karriereorientierte Mitarbeiter
- Erweiterung des eigenen Horizonts durch einen Wechsel zwischen den verschiedenen Laufbahnarten

Die **Nachteile** von Fach- und Projektlaufbahnen:

- geringerer Machtzuwachs bei Aufstieg in der Parallelhierarchie
- Aufstieg in der Parallelhierarchie wird von den Mitarbeitern selbst und auch von anderen Personen oft nicht als gleichwertig betrachtet
- die klassische Hierarchie bietet deutlich mehr Möglichkeiten, in andere Positionen, auch außerhalb des Unternehmens, zu wechseln und sich weiterzuentwickeln
- längeres Verbleiben in der Parallelhierarchie wird häufig als Misserfolg angesehen und so interpretiert, dass man es nicht geschafft hat, auf eine Führungsposition in der Linie zu wechseln
- Kriterien, an denen die Leistung in der Parallelhierarchie gemessen wird, lassen sich häufig nur schwer operationalisieren
- geringere Wertigkeit als der Aufstieg in der Linienhierarchie bei externen Unternehmen, da sie mit den Karriereschritten der Parallelhierarchien anderer Unternehmen nicht vertraut sind

In großen Unternehmen werden manchmal zusätzlich **Funktionsstufen** in die Führungslaufbahn integriert und auf diesem Wege **Funktionshierarchien innerhalb der Führungslaufbahn** geschaffen.[66]

Dabei wird auf die sachliche Bedeutung der Aufgaben und nicht nur auf die Hierarchieebene einer Stelle abgestellt und ein entsprechendes Gehaltsband geschaffen. Man berücksichtigt die Tatsache, dass Stellen, die hierarchisch auf der gleichen Ebene angesiedelt sind, sich in der Wertigkeit der jeweiligen Funktionen und ihrer Bedeutung für den Unternehmenserfolg trotzdem unterscheiden können.

Ein Beispiel zeigt Abb. 24.

Im unteren Management sind bei der Führungslaufbahn drei Bereiche mit drei Führungskräften dargestellt. Diese Stellen befinden sich auf der gleichen Hierarchieebene. Unter **sachlichen Gesichtspunkten** betrachtet, sind sie jedoch für das Unternehmen von **unterschiedlicher Bedeutung**, deshalb sind sie nur in der Führungshierarchie, nicht aber in der Funktionshierarchie gleichrangig.

---

[66] Vgl. Krüger (2005), S. 166 f.

Dies wird durch die grauen Markierungen deutlich. Die mittlere Stelle dieser Ebene hat die höchste Bedeutung, die linke Stelle hat die niedrigste Wertigkeit für das Unternehmen.

Obwohl die drei Stellen mit gleichen Titeln (z.B. Abteilungsleiter) und gleichem hierarchischen Rang in der Führungslaufbahn versehen sind, sind die materiellen und immateriellen Anreize nicht gleich. Auf der unteren Managementebene liegt das Gehalt des Managers der linken Abteilung unterhalb des Gehaltsbandes der beiden anderen Stellen. Das Gehalt der mittleren Stelle ist am höchsten. Auch Statussymbole, wie Dienstwagenregelungen, Büroausstattung und ähnliche Merkmale, werden oft angepasst.

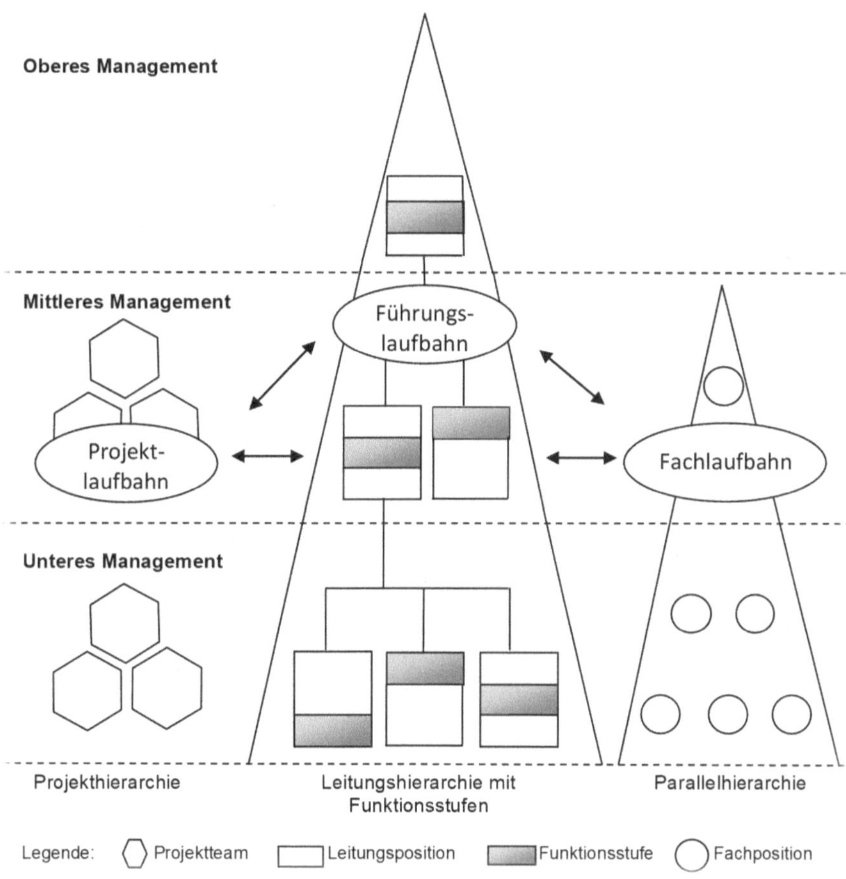

Abb. 24: Parallelhierarchien[67]

---

[67] Entnommen aus: Krüger (2005), S. 167.

Die Funktionshierarchie wertet eine Stelle also gegenüber hierarchisch gleichrangigen Stellen gehalts- und statusmäßig auf oder ab. Abteilungstitel und hierarchischer Rang treten damit gegenüber der Funktion und der Wichtigkeit für das Unternehmen in den Hintergrund.

Genauso wird auf der nächsten Managementebene verfahren. Hier ist die rechte Stelle bedeutsamer als die linke.

In der Praxis gibt es neben den beschriebenen echten Karriereformen auch die sogenannten **Pseudokarrieren**:[68]

- Bei **Titelkarrieren** werden Stellen mit hochtrabenden Titeln versehen, ohne dass damit tatsächlich eine Änderung der Aufgaben und Verantwortungen einhergeht. Oft handelt es sich um die Ernennung zum Vice President oder Senior Vice President. Auch Stabsstellen, die der obersten Leitung zugeordnet werden, werden regelmäßig zum „Director", ohne dass sie tatsächlich die Rechte und Pflichten einer solchen Instanz hätten. Bei dieser Vorgehensweise geht es vor allem darum, die besondere **Wertschätzung** seitens des Unternehmens gegenüber einer hochqualifizierten und verdienten Führungskraft zu verdeutlichen.
- **Einkommenskarrieren** sollen Mitarbeiter bei der Stange halten, wenn Aufstiegsmöglichkeiten zurzeit nicht vorhanden sind, der Mitarbeiter aber im Unternehmen gehalten werden soll. Die Wartezeit auf eine höherwertige Stelle wird mit einer vorweggenommenen Einkommenssteigerung „versüßt".
- **Berufskarrieren** zeigen, dass unsere Gesellschaft den Berufen eine unterschiedliche Wertigkeit zuweist. Facharbeiteraufgaben werden oft (zu Unrecht) als niederwertiger angesehen als viele kaufmännische Tätigkeiten. Das Arbeiten im Mehrschichtbetrieb gilt oft weniger als die klassische Arbeit tagsüber. Der Wechsel von einem Berufsfeld mit niedrigem Status in ein aus Sicht der Gesellschaft höherwertigeres wird oft als Berufskarriere bezeichnet. Die Person hat jetzt einen „besseren Beruf" als vorher.

---

[68] Vgl. Oechsler/Paul (2019), S. 481 f.; Nicolai (2019), S. 383.

Kapitel 4: Zusammenfassung und Ausblick

Als Grundformen der Aufbauorganisation gelten die funktionale, die divisionale und die Matrixorganisation. Klassische Erweiterungen sind die Tensor- und die Holding-Organisation. In allen Formen können Leitungshilfsstellen einbezogen werden.

Ein zentraler Mangel der Primärorganisationen liegt in ihrer Schwäche, kein Klima für das Gedeihen von neuen Ideen und somit kaum Innovationen zu schaffen. Häufig werden deshalb in der Praxis zusätzlich verschiedene Formen von Sekundärorganisationen implementiert. Die wichtigsten sind Produkt-, Kunden-, Markt- und Funktionsmanagement-Organisation. Sie gewährleisten die besondere Beachtung verschiedener für das Unternehmen bedeutsamer Problembereiche.

Zudem sollen Strategische Geschäftseinheiten (Strategic Business Units) sicherstellen, dass das Unternehmen strategisch und langfristig ausgerichtet wird und das kurzfristige operative Geschäft nicht zu sehr in den Vordergrund rückt.

Mit der Projektorganisation lassen sich zeitlich befristete, bedeutsame und umfangreiche Sonderaufgaben meistern.

In den letzten Jahren ist neben den klassischen Grundformen und ihren typischen Mischformen eine ganz neue Projektform ins Blickfeld gerückt: **agile Projekte**. Die Vorgehensweise setzte sich zunächst bei Projekten in der Softwareentwicklung durch, kommt aber mittlerweile auch in allen anderen Unternehmensbereichen zum Einsatz. Der Schwerpunkt liegt auf der Erzielung von raschen, kleinteiligen und kurzfristigen Ergebnissen, die durch Selbstabstimmung der Teammitglieder erreicht werden sollen. Hierarchie ist dabei von untergeordneter Bedeutung und die Mitarbeiter übernehmen selbst die Verantwortung für ihr Handeln und die Resultate ihrer Arbeit. Schnelle Anpassungsfähigkeit tritt gegenüber strategischem Vorgehen in den Vordergrund. Der ständige Focus auf den Wünschen des externen oder auch internen Kunden ist ein wesentliches Merkmal.

Parallelhierarchien ermöglichen es trotz der Tendenz zu flachen Hierarchien, karriere-orientierten Mitarbeitern Aufstiegsmöglichkeiten zu bieten.

Man kann nicht grundsätzlich festlegen, welche Form der Aufbauorganisation die beste ist, da es nicht gelingt, klare Ursache-/ Wirkungszusammenhänge zwischen Organisationsstruktur und Erfolg herzustellen. So lässt sich nicht exakt erfassen, wie sich große Autonomie auf die Leistung eines Stelleninhabers auswirkt. Es gibt jedoch etliche Untersuchungen, welche Organisationsstrukturen in bestimmten Umweltsituationen vorherrschen.[69] Daraus wird geschlossen, dass diese sich bewährt haben und es sich zumindest um eine geeignete Aufbauorganisation handelt. So bevorzugen Unternehmen, die in einer **sicheren Umwelt** agieren, eher **bürokratische Strukturen** mit vielen Hierarchieebenen. Je unsicherer die Umweltsituation ist, desto stärker zeichnet sich eine **Tendenz zur Verflachung** der Hierarchie ab. Auch zwischen der Wettbewerbsstrategie und der Organisationsstruktur besteht ein Zusammenhang. Unternehmen, die die Kostenführerschaft anstreben, weisen eher eine **funktionale Organisation** auf, während die Differenzierungsstrategie eher bei Unternehmen mit **divisionaler Organisation** anzutreffen ist.[70]

Interessanterweise hat die in der Theorie vielbeachtete Matrixorganisation in der Praxis wenig Bedeutung erlangt.[71] Wird Kostenführerschaft angestrebt, gilt sie als zu aufwändig. Für die Differenzierungsstrategie ist sie wegen der internen Abstimmungsprobleme und der notwendigen Kompromisse nicht konsequent genug auf den Markt und die Kunden ausgerichtet. Verschiedene Untersuchungen zeigen im Übrigen, dass Anspruch und Realität weit auseinanderklaffen.[72] Echte Matrixkonzepte sind meistens nur in einzelnen Unternehmensbereichen anzutreffen und werden sehr selten auf das Gesamtunternehmen übertragen.

Wolf untersuchte die Struktur und Strategie von 156 deutschen, national und international tätigen Unternehmen und deren Veränderungen innerhalb von 40 Jahren. Danach nimmt die funktionale Organisation zu Gunsten divisionaler Strukturen deutlich ab. Man bildet verstärkt Zentralbereiche, zudem hat die Holding-Organisation stark an Bedeutung gewonnen. Es finden sich aber heute auch mehr Matrixformen und gemischte Strukturen als früher.[73]

Insgesamt orientieren sich deutsche Unternehmen stark an angloamerikanischen Vorbildern. Die neuen Trends bei der Gestaltung der betrieblichen Organisation werden mit einer gewissen zeitlichen Verzögerung von der Praxis übernommen.

---

[69] Einen ausführlichen Überblick geben Macharzina/Wolf (2017), S. 474 ff.; Kieser/Walgenbach (2010), S. 201 ff.; Dillerup/Stoi (2016), S. 440 ff.

[70] Vgl. Hungenberg (2004), S. 315.

[71] Vgl. ebd.; Helfrich (2002), S. 33.

[72] Vgl. Staehle (1999), S. 680.

[73] Vgl. Wolf (2000), S. 414 ff.

Wiederholungsfragen

1. Durch welche Strukturvariablen wird die Aufbauorganisation festgelegt?
2. Welche Fragen werden im Zusammenhang mit der Spezialisierung und der Koordination in der Aufbauorganisation geregelt?
3. Womit beschäftigen sich die Gestaltungsparameter Konfiguration und der Kompetenzverteilung?
4. Wovon hängt die Leitungsspanne einer Instanz ab?
5. Was ist der Unterschied zwischen Leitungsspanne und Leitungstiefe?
6. Welche Vorteile hat eine steile Unternehmenshierarchie?
7. Was spricht für eine flache Hierarchiepyramide?
8. Erläutern Sie das Grundprinzip des Einliniensystems.
9. Was versteht man unter einer Fayolschen Brücke?
10. Welche Vor- und Nachteile weist das Mehrliniensystem auf?
11. Was versteht man unter einem Stab-Liniensystem?
12. Welche Formen von Stab-Liniensystemen kennen Sie?
13. Worin unterscheiden sich Stabs- und Linieninstanzen?
14. Weshalb kommt es bei der Zusammenarbeit von Stäben und Instanzen häufig zu Konflikten?
15. Was versteht man unter funktionaler Organisation?
16. Unter welchen Voraussetzungen hat sich die funktionale Organisation bewährt?
17. Welche Vor-und Nachteile hat die funktionale Organisation?
18. Wann ist der Wechsel von der funktionalen zur divisionalen Organisation sinnvoll?
19. Was kennzeichnet eine divisionale Organisation?
20. Welche Vor- und Nachteile treten bei der Spartenorganisation auf?
21. Was versteht man unter Zentralabteilungen und welchen Zweck erfüllen sie?
22. Worin unterscheiden sich die verschiedenen Center-Formen?
23. Was kennzeichnet die Matrixorganisation?
24. Unter welchen Voraussetzungen sind Matrixorganisationen sinnvoll?

25. Wie löst man in der Praxis das Kompetenzproblem zwischen den beiden Dimensionen der Matrixorganisation?
26. Welche Vor- und Nachteile hat die Matrixorganisation?
27. Was versteht man unter einer Tensororganisation?
28. Wann ist eine Tensororganisation sinnvoll?
29. Welche Aufgaben hat die Dachgesellschaft bei einer Holding-Struktur?
30. Welche Formen der Holding-Organisation kennen Sie?
31. Ist das klassische Mehrliniensystem eine ein- oder mehrdimensionale Organisationsform?
32. Warum handelt es sich beim Stab-Liniensystem um eine eindimensionale Organisationsstruktur?
33. Worin unterscheiden sich Primär- und Sekundärorganisation?
34. Welche Sekundärstrukturen kennen Sie?
35. Welche Besonderheiten weist Key-Account Management auf?
36. Was versteht man unter dem Customer-Relationship Management?
37. Was kennzeichnet die Marktmanagement-Organisation?
38. Welche Vor- und Nachteile hat eine Marktmanagement-Organisation?
39. Was versteht man unter Strategischen Geschäftseinheiten?
40. Welche Alternativen gibt es bei der organisatorischen Einordnung von Strategischen Geschäftseinheiten?
41. Welche Vor- und Nachteile hat das Führen mittels Strategischer Geschäftseinheiten?
42. Was kennzeichnet ein Projekt?
43. Welcher Zusammenhang besteht zwischen Projektorganisation und Projektmanagement?
44. Welche Grundformen der Projektorganisation kennen Sie?
45. Welche Besonderheiten weist die Task Force auf?
46. Warum werden disziplinarische und fachliche Weisungsbefugnisse bei der Reinen Projektorganisation meist getrennt?
47. Weshalb wird eine Task Force eher selten eingesetzt?
48. Worin unterscheiden sich Matrix-Projektorganisation und Matrixorganisation?

49. Wann empfiehlt sich der Einsatz einer Matrix-Projektorganisation?
50. Was versteht man unter der modifizierten Form der Matrix-Projektorganisation?
51. Weshalb werden Parallelhierarchien gebildet?
52. Was versteht man unter einer Fachlaufbahn?
53. Welche Möglichkeiten bietet eine Projektlaufbahn für die Mitarbeiter?
54. Weshalb ist die Akzeptanz von Parallelhierarchien auf Mitarbeiterseite oft gering?
55. Worin unterscheiden sich Pseudokarrieren und echte Karriereformen?

Literatur

Bea, F.X., Göbel, E. (2019): Organisation: Theorie und Gestaltung, 5. Aufl., Stuttgart 2019.

Bea, F.X., Haas, J. (2019): Strategisches Management, 10. Aufl., München 2019.

Berthel, J., Becker, F.G. (2003): Personalmanagement: Grundzüge für Konzeptionen betrieblicher Personalarbeit, 7. Aufl., Stuttgart 2003.

Breisig, T. (2015): Betriebliche Organisation, 2. Aufl., Herne 2015.

Bruhn, M. (2002): Customer-Relationship-Management – die personellen und organisatorischen Anforderungen. In: Zeitschrift Führung und Organisation, Heft 3/2002, S. 132–140.

Bühner, R. (2004): Betriebswirtschaftliche Organisationslehre, 10. Aufl., München, Wien 2004.

Dillerup, R., Stoi, R. (2016): Unternehmensführung: Management und Leadership, München 5. Aufl., München 2016.

Fayol, H. (1929): Allgemeine und industrielle Verwaltung, München, Berlin 1929.

Frese, E., Graumann, M., Talaulicar, T., M., Theuvsen, L. (2019): Grundlagen der Organisation: Entscheidungsorientiertes Konzept der Organisationsgestaltung, 11. Aufl., Wiesbaden 2019.

Helfrich, C. (2002): Business Reengineering. Organisation als Erfolgsfaktor: Mehr verkaufen – billiger produzieren, München, Wien 2002.

Helming, A., Buchholz, W. (2008): Identifikation von Kernkompetenzen in der Produktentwicklung. In: Zeitschrift Führung und Organisation, Heft 5/2008, S. 301–309.

Hentze, J., Kammel, A. (2001): Personalwirtschaftslehre 1: Grundlagen, Personalbedarfs-ermittlung, -beschaffung, -entwicklung, -einsatz, 7. Aufl., Bern, Stuttgart, Wien 2001.

Hungenberg, H. (2004): Strategisches Management im Unternehmen, 3. Aufl., Wiesbaden 2004.

Johnson, G., Whittington, R., Scholes, K., Angwin, D., Regnér, P. (2018): Strategisches Management – Eine Einführung, 11. Aufl., Hallbergmoos 2018.

Jones, G.R., Bouncken, R.B. (2008): Organisation: Theorie, Design und Wandel, 5. Aufl., München 2008.

Jung, R.H., Heinzen, M., Quarg, S. (2018): Allgemeine Managementlehre: Lehrbuch für die angewandte Unternehmens-und Personalführung, 7. Aufl., Berlin 2018.

Keller, T. (2004): Holding. In: Schreyögg, G., Werder, A. v. (Hrsg.) (2004): Handwörterbuch Unternehmensführung und Organisation, 4. Aufl., Stuttgart 2004, Sp. 421–428.

Kieser, A., Walgenbach, P. (2010): Organisation, 6. Aufl., Stuttgart 2010.

Klimmer, M. (2016): Unternehmensorganisation: Eine kompakte und praxisnahe Einführung, 4. Aufl., Herne 2016.

Krüger, W. (2005): Organisation. In: Bea, F.X., Friedl, B., Schweitzer, M. (Hrsg.) (2005): Allgemeine Betriebswirtschaftslehre, Band 2: Führung, 9. Aufl., Stuttgart 2005, S. 140–134.

Krüger, W., v. Werder, A., Grundei, J. (2007): Center-Konzepte: Strategieorientierte Organisation von Unternehmensfunktionen. In: Zeitschrift Führung und Organisation, Heft 1/2007, S. 4–11.

Laux, H., Liermann, F. (2005): Grundlagen der Organisation: Die Steuerung von Entscheidungen als Grundproblem der Betriebswirtschaftslehre, 6. Aufl., Berlin, Heidelberg, New York 2005.

Macharzina, K., Wolf, J. (2017): Unternehmensführung. Das internationale Managementwissen: Konzepte – Methoden – Praxis, 10. Aufl., Wiesbaden 2017.

Majer, C., Mayrhofer, W. (2007): Konsequent Karriere machen. In: Personal, Heft 11/2007, S. 36–39.

Meier, H. (2019): Unternehmensführung: Aufgaben und Techniken betrieblichen Managements, Herne 2019

Mentzel, W. (2012): Personalentwicklung. Erfolgreich motivieren, fördern und weiterbilden, 4. Aufl., Deutscher Taschenbuch Verlag, München 2012.

Modi, J., Tschabrun, H. (2004): Attraktive Projektlaufbahnen. In: Personal, Heft 12/2004, S. 38–40.

Müller-Stewens, G., Lechner, C. (2016): Strategisches Management: Wie strategische Initiativen zum Wandel führen, 5. Aufl., Stuttgart 2016.

Nicolai, C. (2019): Personalmanagement, 6. Aufl., Konstanz und München 2019.

Oechsler, W.A., Paul, C. (2019): Personal und Arbeit, 11. Aufl., Berlin/München/Boston 2019.

Olesch, G. (2003): Eine Alternative zur Führungskräftekarriere. In: Personal Magazin, Heft 7/2003, S. 72 f.

Olfert, K. (2019): Organisation, 18. Aufl., Herne 2019.

Pfähler, W., Vogt, M (2008): Profit-Center-Organisation und interne Verrechnungspreise: Eine mikroökonomische Analyse (I). In: WISU – Das Wirtschaftsstudium, Heft 5/2008, S. 746–753.

Picot, A., et al. (2015): Organisation: Eine ökonomische Perspektive, 7. Aufl., Stuttgart 2015.

Robbins, S.P. (2001): Organisation der Unternehmung, 9. Aufl., München 2001.

Scherm, E., Pietsch, G. (2007): Organisation: Theorie, Gestaltung, Wandel, München, Wien 2007.

Schmidt, G. (2014): Organisatorische Grundbegriffe, 15. Aufl., Gießen 2014.

Schmidt, G.; Konz, C. (2019): Organisation gestalten: Stabile und dynamische Unternehmensstrukturen, 6. Aufl., Gießen 2019.

Schmidt, S. (2019): Agilität und Selbstverantwortung, in: Thomaschewski, D., Völker, R. (Hrsg.) (2019): Agiles Management, Stuttgart 2019, S. 79-114.

Schreyögg, G. (2016): Grundlagen der Organisation: Basiswissen für Studium und Praxis, 2. Aufl., Wiesbaden 2016.

Schreyögg, G., Geiger, D. (2016): Organisation: Grundlagen moderner Organisationsgestaltung. Mit Fallstudien, 6. Aufl., Wiesbaden 2016.

Schreyögg, G., Werder, A. v. (Hrsg.) (2004): Handwörterbuch Unternehmensführung und Organisation, 4. Aufl., Stuttgart 2004.

Schulte-Zurhausen, M. (2013): Organisation, 6. Aufl., München 2013.

Schwarze, J. (2006): Projektmanagement mit Netzplantechnik, 9. Aufl., Herne/Berlin 2006.

Staehle, W.H. (1999): Management: Eine verhaltenswissenschaftliche Perspektive, 8. Aufl., München 1999.

Szyperski, N., Winand, U (1979): Duale Organisation – Ein Konzept zur organisatorischen Integration der strategischen Geschäftsplanung., in: zfbf, Heft 10/11, S. 195-205.

Thomaschewski, D., Völker, R. (Hrsg.) (2019): Agiles Management, Stuttgart 2019.

Thommen, J.-P., Richter, A. (2004): Matrix-Organisation. In: Schreyögg, G., Werder, A. v. (Hrsg.) (2004): Handwörterbuch Unternehmensführung und Organisation, 4. Aufl., Stuttgart 2004, Sp. 828–836.

Vahs, D. (2019): Organisation: Einführung in die Organisationstheorie und -praxis, 10. Aufl., Stuttgart 2019.

Wolf, J. (2000): Strategie und Struktur 1955-1999: Ein Kapitel der Geschichte deutscher nationaler und internationaler Unternehmen, Wiesbaden 2000.

Stichwortverzeichnis